® 印雪白

印雪白茶铭

王开荣

白茶者，奇茗也。其名印雪，或隐其禅意，或寓其秉性。上承千年，圣钦天下第一；环顾宇间，众茶如星仰月。冰雪孕异质，春寒发新华，烈焰错金色，巧工夺尊品。其茶曲如钩月，镶金披翠，亦真亦幻，更兼有色之变、质之绝、艺之趣，谁茶可伦？皎然乏三道，卢仝空七碗。茶之上上品也。

NINGBO YINXUEBAI CHA YANGTIANXIAO

　　"**仰天笑**"，产于四明极顶仰天峰的宁波白茶品质韵味。该地是宁波区域内积温最低的温凉高山，海拔九百余米，因坡向面西南，入冬至春尤为寒冷，低温、多潮相交，形成南方最难得的雾凇观赏地，可与东北松花江畔的雾凇媲美。在此地种植的白茶白化程度特别突出，安吉白茶在其原产地一般在一芽二叶时最白，而后返绿，而在此安吉白茶生长到一芽四五叶时还是白色满园。更为奇特的是，每年4月，仰天峰的白茶园新芽初盛之时，南风劲吹，数日昼夜不息，人于山岗而不能立，芽尖叶缘因此稍有失水而呈焦赤，这在茶树栽培中是十分罕见的现象，也成就了此地出产的白茶独特品质风格。此时采制的宁波白茶色金黄靓丽，茶香异烈，茶味鲜极，茶韵以甜香见长，饮者能顿感一种喜悦之情，妙不可言。

——《珍稀白茶》

低温敏感型

DIWEN MINGANXING
BAIHUACHA

白化茶

王开荣 吴 颖 梁月荣

李 明 张龙杰 韩 震

著

ZHEJIANG UNIVERSITY PRESS
浙江大学出版社

图书在版编目（CIP）数据

低温敏感型白化茶 / 王开荣等著. —杭州：浙江
大学出版社，2013.12
ISBN 978-7-308-11750-0

Ⅰ. ①低… Ⅱ. ①王… Ⅲ. ①茶树—栽培技术
Ⅳ. ①S571.1

中国版本图书馆 CIP 数据核字（2013）第 142880 号

低温敏感型白化茶

王开荣　吴　颖　梁月荣　著
李　明　张龙杰　韩　震

责任编辑	阮海潮
封面设计	林智广告
出版发行	浙江大学出版社
	（杭州市天目山路 148 号　邮政编码 310007）
	（网址：http://www.zjupress.com）
排　　版	杭州好友排版工作室
印　　刷	浙江印刷集团有限公司
开　　本	710mm×1000mm　1/16
印　　张	12
字　　数	220 千
版 印 次	2013 年 12 月第 1 版　2013 年 12 月第 1 次印刷
书　　号	ISBN 978-7-308-11750-0
定　　价	85.00 元

序

  茶叶是我市重要林产业，不仅承载了经济发展和社会和谐的功能，也是建设秀美山川的重要载体。近年来，在市委、市政府的重视支持下，我市大力推进茶品牌建设，积极发掘和弘扬优秀茶文化，努力推进茶科技进步，茶叶资源得到了有效挖掘和利用，经济效益稳步提高，茶产业在实现稳健快速发展的同时，为美丽山区建设构筑了一道靓丽风景。

  在我市拥有的众多优质茶资源中，白化茶是一类较为独特的稀缺资源，受到市场追捧。近年来，经过我市林业科技人员和茶农共同努力，取得了白化茶种质资源系统研究、开发和产业化的可喜进展。开发的黄色、白色、复色等白化茶种质资源，开创了茶树育种新局面，其中黄金芽、千年雪、御金香等白化茶新品种的产业化推广，为茶业效益增长和产业升级注入了新的活力。

  由我局茶产业科技提升团队结合宁波市重大农业科技项目研究而编著的《低温敏感型白化茶》一书，概述了白化茶种质资源分类，重点介绍了低温敏感型白化茶的种苗繁育、茶园建设与管理、茶叶采制至鉴评等生产技术体系，内容新颖，技术实用，可供茶业科技人员和生产者参考。

  该书的出版将对白化茶产业化发展起到积极的促进作用，特作序祝贺。

宁波市林业局局长 黄辉

2013 年 11 月 18 日

目　录

第一章 绪 论

导 语

白化茶是一类较为珍稀的茶树种质资源,我国对白化茶的开发利用已有近千年历史。自20世纪末白叶1号产业化推广以来,白化茶种质资源的开发、研究与利用取得了较快进展,但迄今为止,低温敏感型白化茶仍是产业化发展的主流。

一、历史渊源

白化茶(albino tea)是一类叶绿素合成受阻、芽叶色泽呈白色或黄色等趋白色表现的茶树种质资源,史称白茶或白叶茶,当代称珍稀白茶。

白化茶在我国已有1000多年历史。"白茶"一说,首见于唐陆羽《茶经》所记:"永嘉图经,永嘉县东三百里有白茶山。"历代记载的白茶(白化茶)资源有浙江永嘉县(唐)、福建武夷山区(北宋、明)、浙江宁波市(北宋)、湖北远安县(南宋)、安徽泾县(明末)、安徽霍县(清后期)等;其中明朝福建武夷山区的白鸡冠茶一直繁衍至今。

北宋是我国历史上白茶发展的鼎峰时期。宋徽宗赵佶在其《大观茶论》中说:"白茶自为一种,与常茶不同。其条敷阐,其叶莹薄,崖林之间,偶然生出,虽非人力所可致。有者不过四五家,生者不过一二株。芽英不多,尤难蒸焙,汤火一失,则已变为常品,须制造精微,运度得宜,则表里昭彻,如玉之在璞,它茶无与伦也",因此白茶被推为"天下第一茶品"。在其倡导下,时人对白茶可谓顶礼膜拜,推崇之至。

源于明朝福建的白鸡冠,原产武夷山慧苑岩火焰峰下外鬼洞(一说止止庵白蛇洞口)。明朝的一则"白鸡冠"治恶疾的故事,使其茶声名大振,清咸丰年间被推为武夷山四大名枞之一。其茶幼嫩芽叶色浅绿透黄,与浓绿老叶形成鲜明的两色层,白鸡冠由此得名。但在近四百年间,白鸡冠作为唯一历史遗存的白化茶,其命运没有"大红袍"和"白叶1号"鸿达,自20世纪80年代被推广以来,至今只在少量区域种植。

白叶1号,又名安吉白茶,1980年发现于安吉县,是一个树龄近百年的老茶树。1982年该县林科所刘益民等技术人员开展扦插繁育和开发研究。

1998年,全县种植面积发展到 6000 亩,产量 1500kg,产值 240 万元;2012年,该县栽培面积达到 10 万亩。期间,白叶 1 号参加各种全国性名优茶评比活动,均获得优异名次。中国茶叶科学研究所、浙江大学等单位对白叶 1号进行研究后弄清了白茶白化机理、品质成分、遗传与生理等多方面业界所关注的问题。该品种 1998 年被浙江省认定为省级良种。近年来,浙、苏、赣、皖、湘、豫、鲁、蜀、黔等省份大量引种推广,全国栽培面积不下 50 万亩,成为当今绿茶品种推广的优势树种。

宁波市从 1998 年起着手开展白化茶种质资源研究,至今开发出 80 余份白化茶种质资源,育成并推广了黄金芽、千年雪、御金香等省级林木良种和国家林木新品种,其中黄金芽茶作为一个全新的黄色白化茶良种,在全国绿茶区域产生较大影响,已推广到浙、苏、赣、皖、湘、鲁、蜀、黔、滇等 10 多个省份。

近年内,由于白叶 1 号、黄金芽的示范作用,业界开发白化茶资源的热情高涨,许多地方发现了白化茶资源。

二、资源分类

茶树种质资源就芽叶色泽而言,可分为三类。一是绿色茶树,即常规品种;二是因花青素含量较高显示的紫红色茶树;三是体内叶绿素、花青素含量均较少而芽叶色泽呈白色、黄色等趋于白色的茶树,即白化茶。历代茶业多注重绿色茶树品种发展,导致其他两色树种稀有发展。

近年来开发的白化茶资源表明,白化茶性状表达十分丰富,白化变异类型、色泽及白化表现的阶段性、稳定性、规则性等规律各不相同,已经形成一大特殊种质类群。以白化变异类型和白化色系为主要依据的分类如图 1-1所示。

(一)变异类型

按白化变异类型分为生态敏感型、生态不敏型和复合型等三大变型。

1. 生态敏感型

白化表现主要依赖于气候生态,而对土壤生态依赖居次,往往属于阶段性白化,它又可分为温度敏感型和光照敏感型等两个亚型。温度敏感型白化主要决定于新梢生长阶段所处的温度高低,有高温型和低温型两种,目前开发利用的均为低温敏感型,尚未发现具有应用价值的高温型资源;光照敏感型的白化主要决定于光照的强弱,有多季型和单季型之分。

2. 生态不敏型

新梢自萌芽起即出现白化特征,白化表现基本与外界生态无关,白化部

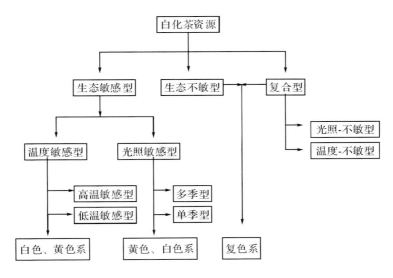

图 1-1　白化茶资源分类

分从芽叶萌展起至生命终止，表现出同一状态，属于恒定性白化，即白者恒白、绿者恒绿。

3. 复合型

指茶树组织(主要是叶片)一部分属生态敏感型变异，有的依赖光照，有的依赖低温，另一部分则表现为生态不敏型，因此其芽叶色泽往往是复色组成。

（二）白化色系

按芽、叶、茎白化色泽分为白色系、黄色系、复色系等三大色系。

1. 白色系

新梢芽叶表现出单一的纯白色、近白色或乳黄色等色泽，最大白化程度时呈雪白色。历史上的白化茶多呈白色，故称白茶，也称"白叶茶"(图1-2)。这类茶多属(低)温度敏感型变异，也有少量属其他变异。芽叶色泽按白色程度分为雪白、净白、玉白、乳黄、玉绿、浅绿、白透红等。

2. 黄色系

新梢芽叶表现出单一的金黄、淡黄或黄绿等色泽，典型色泽为金黄色，最大白化程度时为黄泛白色，也称为"黄叶茶"(图 1-3)。这类茶多属光照敏感型变异，也有少量属其他变异。芽叶色泽按黄色程度分为黄泛白、橙黄、金黄、黄色、浅黄、黄绿、黄透红等。

图 1-2 白色系白化茶芽叶特征

图 1-3 黄色系白化茶芽叶特征

3. 复色系

新梢茎、芽叶或花果表皮由绿色与白色、绿色与黄色、白色与黄色、白色与红色、黄色与红色或绿、白、黄、红等镶嵌组成的复色叶,或称"花叶茶"(图1-4)。这类茶属生态不敏型或复合型变异,白化表现复杂。

图 1-4　复色系白化茶芽叶特征

(三)其他性状

白化茶的白化特殊性状还包括白化启动、持白期、返绿、白化残留、白化形态及其稳定性、生理障碍及劣质现象等性状表达。

1. 白化启动

白化启动指白化所属色系的开始表达,有芽白型和叶白型的区别。芽白型是指芽叶萌展即表现出白化特征,叶白型是指展叶到一定程度时才表现出白化。白化茶多数变型属于芽白型种,只有低温敏感型部分种属于叶白型。

2. 持白期

持白期是指维持白化状态的时间,分阶段性与恒定性两种。阶段性指芽叶在某一萌展时段生态合适时表现出白化,以后随着芽叶萌展和生态条件改变而返绿,生态敏感型变异种往往具有白化的阶段性特点,其中不同种质的白化时间又有着明显的差别;而恒定性自产生白化后就不再返绿,直至叶片的生命周期结束,生态不敏性多属恒定性白化。

3. 返绿

白化芽叶随着生长和生态条件的变化,体内叶绿素合成并积累到一定程度,使白化叶转化到正常绿色的过程。

4. 白化残留

白化残留指白化芽叶返绿后，仍有少量残存在叶片上的白化痕迹。不同品种的白化残留有着很大区别，如图 1-5 所示，千年雪在第二轮梢萌展期后，春梢已经返绿，但叶片正面仍然保留着白化状态。白化残留是返绿期甄别品种的重要依据。

5. 白化形态

有规则性与非规则性的区别。规则性白化是指芽叶色泽呈均匀的单色或相对固定在同一位置的复色，如图 1-6 左边所示，叶片的主脉附近呈绿色、周边呈白色，绿、白色位置相对不变，比重则有所减增。非规则性白化则表现为白化色

图 1-5　千年雪白化残留形态

块不稳定，或由全白枝、全绿枝混生，或由全白叶、全绿叶混生，或一叶中表现出白色、绿色相间，但叶片中白、绿色块是不固定的(图 1-6 右)。

图 1-6　不同的复色白化形态

生态敏感型变异种白化往往表现出单一的色系，即芽、叶、茎表现出同一色泽，因此属于规则性白化；复合型变异种白化色泽由复色组成，但白化形态是规则性的；而生态不敏型复色系白化有规则性和不规则性两种，其中后者往往不能固定其白化形态。

6. 白化稳定性

白化稳定性是指该植株及其营养繁殖后代的白化部位（包括芽、叶、枝）在季相、年间表现出一致性。规则性白化种大多有着这种稳定性，而不规则性白化种往往不能固定，甚至会出现整个枝梢白化因子的丧失，从而难以获得理想的栽培和繁育结果。因此，对于复色系白化种来说，白化稳定性是品种选育的关键。

7. 生理障碍及劣质现象

生理障碍及劣质现象是指高度白化芽叶难以承受外界生态对其生理的胁迫，出现生长发育受阻或机体损伤的现象，表现为新梢生长茎、芽叶畸化、返绿受阻、生理障碍等。

三、低温敏感型白化茶

低温敏感型白化种是历史记载的主要白化茶，当代白化茶的兴起和发展也是源于这类种质的开发利用，即白叶 1 号产业化的成功推进。近十余年来，自白叶 1 号起，白化茶种质资源开发、研究和利用取得了较快进展。

(一)白化机理研究

低温敏感型白化茶的白化机理研究是迄今为止白化茶研究中最为透彻的。自从 20 世纪 70—80 年代以来，陆续开展了生物化学、酶学、生理学、生态学等多层面研究，但至今很多方面仍有待继续深入。

日本根据薮北种等日本茶树品种的杂交试验，发现白化茶具有两个遗传基因组支配的双重劣性特性，白叶变异体全部起源于薮北种的叶杂遗传基因，白叶的特性通常是由核内遗传基因产生的。陈椽认为：白叶 1 号系低温反应而产生的同种变异体，与高温时细胞肥大而产生的白化不同。

梁月荣对千年雪等 7 个白化茶株和福鼎大白毫进行茶树遗传多态性RAPD 分析，结果表明，品种性状表现差异与遗传基础有关。8 个样品之间的遗传距离为 0.2000～0.4607，其中千年雪、四明雪芽、白叶 1 号与福鼎大白毫遗传距离分别为 0.4270、0.2927、0.2676。对四明雪芽叶片低温诱导锌指蛋白基因 cDNA 序列研究表明，该基因序列与福鼎大白茶的同源性达到 99%，但存在 3 个位点的氨基酸变异，基因表达丰度明显低于福鼎大白茶，因此成为诱发四明雪芽白化的可能因素。

成浩、李素芳等对白叶1号的研究表明,返白突变表达的温度阈值为20～22℃。叶片白化期叶绿体膜结构发育受到障碍,叶绿体退化解体,叶绿素合成受阻,质体膜上的各种色素蛋白复合体缺失,导致叶色白化,证明白叶1号是一种受低温影响而产生的细胞质变异体。

陆建良等研究表明,白叶1号返白过程中,过氧化物酶(POD)活力升高,而超氧化物歧化酶(SOD)、过氧化氢酶(CAT)活力降低;复绿过程中,这3种抗性酶活力向相反方向变化,POD活力降低,CAT、SOD活力含量上升(图1-7);"白化—复绿"过程中,新梢氨基酸含量变化与叶绿素等色素、儿茶素含量变化相反,叶色全白期氨基酸含量比常规茶树品种高2～3倍,儿茶素比常规茶树品种低50%;复绿过程氨基酸含量降低,叶绿素、儿茶素上升。

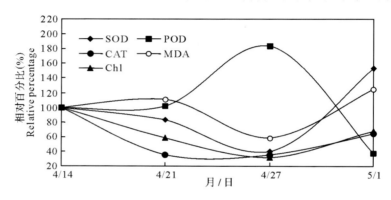

图1-7 新梢白化茶树返白阶段生理生化指标的消长关系

生态学研究表明,白化必须有合适的低温条件,一般为15～23℃的范围。温度高于白化所必需的上限时,这类茶树的白化表现随之丧失;而当温度低于一定限度时,白化新梢往往表现出劣质现象和生理障碍。春季自然温度低于15℃时,白叶1号、四明雪芽、千年雪的春芽萌展后期叶片呈狭长的带状畸化,茎硬叶薄,品质下降;同时高度白化的芽叶容易产生强光灼伤、劲风吹枯等现象。另外,低温敏感型白化茶的白化虽然依赖于低温而表达,但氮素为主的营养供应会导致白化程度的下降,影响白化茶固有的品质风味。

(二)品质特征

低温敏感型白化茶的未白化鲜叶(绿色鲜叶)与白化鲜叶的品质存在很大差异。完全没有白化的鲜叶所加工的茶叶品质基本上等同于常规茶品质;而一定程度上,白化茶鲜叶越白,氨基酸含量越高,成品感官品质越好。白化鲜叶适制绿茶,但加工成红茶产品,较常规品种的传统红茶更显甜醇。

以白色系白化鲜叶为原料、采用绿茶等工艺加工的产品,特点是鲜叶呈白色而干茶呈金黄色,鲜叶越白,干茶色泽越黄。这类茶叶不同于我国传统茶类中按工艺分类的"白茶"或因多毫显白色的名优绿茶,而与无茸毫绿茶比较,干茶外观色泽同样显得别致悦目,商品性更加突出。

低温敏感型白化茶具有高氨基酸、低茶多酚含量的品质特点,白化鲜叶采制的绿茶干茶色泽独特,滋味鲜醇,在绿色为主流的茶品中备受推崇。各地报道的氨基酸含量(比色法)记载:白叶 1 号在当地开发初期报道为 6.2%,后来报道接近 10%,引种到宁波四明山 800m 高山后,达到 11.74%;其他品种最高氨基酸含量:千年雪 12.6%,四明雪芽 11.07%,天台白茶 5.11%,景宁白茶 1 号 7.4%。这些白化茶氨基酸含量比常规品种高出 50%以上甚至 2 倍多,同时茶多酚含量仅 15%~20%,为常规绿茶品种的一半左右。氨基酸自动分析仪测定,四明雪芽、千年雪、白叶 1 号等茶叶的氨基酸总量大约在 3.5%~4.3%,其中茶氨酸含量约占 18 种氨基酸总量的 60%。因此,从品质组成分析茶的价值功能,常规品种茶品质倾向于茶多酚品质、儿茶素品质,而白化茶品质倾向于氨基酸品质、茶氨酸品质。

(三)产业前景

白叶 1 号作为最成功的良种在我国绿茶区域得到大规模产业化推广发展,给当地带来了可观的经济效益。近十年来,新的资源不断被发现,仅浙江省报道的有安吉白叶 2 号、天台白茶、景宁白玉仙茶、嵊州白茶、桐庐白茶、建德白茶、临海鹅黄茶等;宁波市在成功育成和推广千年雪、四明雪芽两个品种的基础上,以白叶 1 号、千年雪、四明雪芽为基础,通过自然变异、诱导变异和种子繁殖等手段,培育出以这三个品种为骨干系的一批优异新种质,有望为产业发展提供新的种质基础。

产业趋势分析,今后一段时间里,白化茶将继续成为良种推广的主流和市场高端茶品的主角,尤其是随着我国中西部地区经济社会的快速发展,白化茶产业化规模将进一步扩大。但是在低温敏感型白化茶产业化进程中,也面临着这样一些值得重视的问题:

一是品种的区域适应性问题,在南方高积温区域推广白叶 1 号等低温敏感型品种,面临白化不足的问题,如果盲目发展,将得不到优质茶品,也就无法实现良好的经济效益。

二是新的白化茶资源性状差异大,产业化开发耗时长,对性状不明的品种开发和引种必须采取慎重的态度,盲目引种往往带来区域适应性、茶类适制性等问题。

三是新区域引种和新品种推广必须做到品种与栽培、加工技术相配套,与品牌建设相配套,才能取得理想的产业经营效益。

第二章　种质资源

良种是农业发展的基础。白叶 1 号成就了一个优势产业,把我国名优绿茶产业发展推向了一个新高度,而且推动了我国白化茶种质资源研究和开发利用。当前,种质资源开发已经从偶然自然变异种的利用上升到有目标的系统育种。

第一节　白叶 1 号

白叶 1 号,即安吉白茶,源于安吉县天荒坪镇大溪村桂家茶园的自然变异株,树龄逾百年,1980 年 8 月由安吉县政府拨款进行保护培育,1982 年开始繁殖,1998 年 5 月获浙江省级茶树良种认定,20 世纪 90 年代起开始大规模推广,是当前白化茶栽培的主流品种。

一、白化特性

白色系、叶白型、阶段性白化,白化形态规则、稳定。白叶 1 号是一种低温反应而产生的细胞质变异体,只有春季萌展的新梢在一定低温条件下才表现出白化性状,白化对温度依赖十分敏感,土质条件(尤其是氮素肥料)在一定程度上会影响白化表达。

1. 白化形态

根据白化程度不同,芽叶色泽可分为浅绿、乳黄、玉白、净白等色阶;脉绿叶白是其白化的典型特征;白化叶返绿时,先从叶脉开始,然后向叶肉渗透,至全叶返绿。

2. 白化规律

气温 15℃ 以下时,前期萌展的茶芽呈乳黄色,1 叶开展时白化启动,而后表现出净白色,白化形态可持续春梢生长休止(图 2-1 左);后期茶芽萌展即呈明显白色,展叶后呈绿脉白叶,常伴有芽叶畸化、叶薄茎硬;返绿程序启动缓慢。

图 2-1　不同气温条件下白化色泽

气温 15～23℃时,茶芽呈玉色或浅绿色,脉显浅绿色,一叶开展时表现出白色或玉白色特征,一般在 1 芽 2 叶时最白,持续至 1 芽 3、4 叶时,随着新梢生长出现返绿。

气温在 23℃以上时,不出现白化或很快出现返绿(图 2-1 右)。

黏质土壤或肥力水平较高,特别是速效氮肥使用量较高时,白化相对不明显或提前返绿,而在砂质、肥力水平低时白化表现较为明显。

3. 返绿规律

随着新梢生长和温度上升,白化的芽叶从茎、主脉、侧脉依次开始返绿,而后绿色在叶肉间均匀渗出,叶片色泽即逐步复绿,颜色逐渐加深。一般至 5 月底复绿过程结束,全部叶片恢复为绿色。但在温凉气候下,复绿时间会推迟到 6 月底至 7 月初。复绿后田间偶有白化残留叶。

4. 劣质现象

主要表现出三种现象:

一是新梢徒长。气温持续在 15℃以下时,多数新梢萌展到 2 叶时,会出现茎梢持续徒长,第 3 片叶不再萌展的现象,1 芽 2 叶长度可达 10cm 以上(图 2-2)。

二是芽叶畸化。劣质表现较重时,后期春梢往往出现芽叶畸变。萌展初期弯曲似钩,展叶后呈柳叶状,叶片扭曲,叶缘不规则,叶脉粗壮,叶质硬化,加工性状差(图 2-3)。

三是生理障碍。高度白化芽叶容易出现极限生理障碍现象。遇南风劲吹时,会出现芽尖、叶缘枯焦;若连续晴天,则出现叶尖、叶面大范围灼伤,甚至落叶,严重影响鲜叶品质和后续树势(图 2-4)。

11

图 2-2　白化新梢徒长形态　　　　图 2-3　白化新梢畸化形态

二、生物学特性

1. 形态特征

灌木型,植株矮小,树姿半开张,
分枝部位低,分枝较密,主干不明显,
生长势差。标准行双行密植时,四年
后才能达到 80% 以上的茶园覆盖率,
且树高不超过 1m。

小叶种,成叶呈狭长椭圆形,成
叶长、宽分别为 7.8～8.5cm、2.8～

图 2-4　白化新梢生理障碍

3.3cm,叶尖斜上,叶身稍内折,叶面平,色浅绿,叶齿钝,叶脉浅。

芽体稍长,立体茶园栽培时,顶、侧芽大小均衡,1 芽 1 叶初展叶百芽重
约 8g,1 芽 2 叶初展叶百芽重约 12g。

花色白,花瓣 3～5 瓣,种子大小中等。

2. 物候期

中生种,春季萌芽稍早于原产地群体种。大于 10℃ 的年活动积温
5000℃ 区域,1 芽 1 叶开采期约在 3 月底 4 月初(表 2-1);开花期 10 月中旬
至 12 月。

表 2-1　不同气候带的白叶 1 号物候期

生长区域	年活动积温(℃)	1 叶开采期(月/日)
江西省龙南县	5800	3/5—3/15
江西省樟树市	5500	3/10—3/20
安吉县溪龙乡	5200	3/25—4/5
余姚市三七市镇	5000	4/5—4/12
余姚市四明山镇	4000	4/6—4/19

3. 新梢生育特性

萌芽能力强而新梢伸展能力弱。立体栽培时,新梢同步萌展现象明显,茶芽发育一致,十分有利于茶叶采摘,但新梢伸展能力有限。春后修剪、持续蓄梢到秋后,枝梢长度一般小于 40cm,二级分枝能力弱;4~5 年生树冠高度在 120cm 以下,树冠幅度小于 130cm。由于树体矮小,成园要比常规茶树迟 1~2 年。

从各季新梢萌展能力看,依次是春梢、二轮梢和三、四轮梢。春梢、二轮梢是孕蕾开花的部位,因此其发育旺盛往往会加剧孕蕾开花,从而制约三、四轮新梢的发育,而三、四轮梢自身的萌展能力往往较弱,因此树势调控时,重点是针对营养—生殖生长平衡的调控。

4. 抗逆性

由于该茶树一般在春季结束后全面返绿,因此,一般抗逆性与常规品种无显著差异。但在白化期间,容易受到强光、劲风的侵袭。强光灼伤时,往往部分叶片出现灼伤枯焦;劲风吹袭后,芽尖、叶缘出现焦尖、焦边等现象(图 2-4)。这种鲜叶经加工后,往往出现类似摊青不当引起的枯红现象。

5. 繁育性能

易开花,但不易结实,种籽后代白化性状遗传性差,只有少量种子苗保持其返白现象。采用短穗扦插繁殖容易、成活率高。

三、经济学特性

1. 需肥性能

肥力,包括土壤和营养供给状况,对生长发育影响十分明显,突出表现在:一是高肥培能有效地促进茶树生长发育,改变其植株矮小、树势弱小的状况;二是春茶前使用速效化肥会导致其提前返绿或不白化,品质大幅下降;三是砂质土壤比黏质土壤更适合白化性状的表达。通过营养供给调整,可实现树势和鲜叶质量的最优化。

2. 产量性状

对于同等密度的茶园来说,幼龄茶树产量较低,但茶园成龄后,其产量性状不亚于很多常规品种。一般亩栽 5000 株茶苗的双条栽茶园,种植一足龄后的产量在 0.5kg 以上;种植第二年至第六年记录,五年平均产量超过 7kg;五足龄后,茶园亩产干茶(1 芽 1 叶标准)可达 15kg 上下。

3. 加工性能

按传统茶类的品质评价标准,白叶 1 号适制绿茶,但随着市场需求的多元化,采用条形红茶加工的产品受到部分消费者欢迎。

鲜叶越白,加工的干茶色泽越黄,品质优势相对突出;鲜叶采摘过嫩,白化尚未启动,茶叶品质优势不能得到良好体现。

不同白化程度的鲜叶有着不同绿茶工艺的适制优势。未白化或轻度白化的白叶 1 号鲜叶加工的绿茶,色泽特别绿翠,绿翠程度远胜于常规绿茶或其他同类品种;茶类适制性依次为扁形茶、条形茶、针形茶和蟠卷形茶;白化良好鲜叶加工的绿茶干茶色泽亮黄,茶类适制性正好与白化低的鲜叶相反,依次为蟠卷形茶、针形茶、条形茶、扁形茶。

4. 品质特性

白叶 1 号在白化茶中有着独特的甜型香韵。基本感官品质特征是:轻度白化或未白化鲜叶加工的干茶外观绿亮或翠绿,香气清高,滋味鲜醇;白化良好鲜叶加工的干茶色泽亮黄、香气郁甜、滋味鲜醇回甘,叶底脉绿叶白。

生化品质呈高氨基酸、低茶多酚的特征,且氨基酸含量波动范围大。新梢萌动初期,叶绿素含量较低,氨基酸含量低,茶多酚含量也没有明显变化;但叶片白化后,氨基酸含量上升而茶多酚含量下降;复绿时,茶多酚、色素含量迅速上升,氨基酸含量下降,咖啡碱基本一致(表2-2)。据历年检测统

表 2-2　白化 1 号叶色与叶绿素含量变化情况

白化状态	叶绿素总量 (mg/kg)	b/(a+b) (%)	水浸出物 (%)	氨基酸 (%)	茶多酚 (%)	咖啡碱 (%)
成熟绿叶	1031	31.7	50.4	1.8	34.8	3.8
返绿	796.8	38.7	36.8	5.2	10.0	3.9
出现返绿	492.7	33.9	41.8	7.9	20.9	4.1
白化	432.1	35.5	39.9	7.0	19.1	4.8
白化	413.3	35.1	39.0	7.1	13.4	4.0
白化	351.3	32.3	39.2	7.5	17.8	3.7
白化	329.0	35.3	40.4	8.7	14.8	4.0
趋向白化	226.4	11.8	40.6	6.4	20.4	3.5

计，一般氨基酸含量为 $4\%\sim11.74\%$，而茶多酚含量为 $10\%\sim20\%$，比常规品种或返绿后的茶多酚含量低一半左右。一定程度上，鲜叶越白，氨基酸含量越高，品质风味越好；但当白化到最大程度时，氨基酸含量反而下降，内在品质不佳。

四、品种提示

（1）低温敏感型品种，适合在年活动积温小于 5500℃的砂质壤土种植。

（2）植株矮小，生长势很弱，顶端优势不强，新梢同步萌展能力强，适宜采用行距 $100\sim120cm$ 的窄行布局和立体采摘模式，栽培上应加强肥培水平，重施有机肥，成龄茶园尽量避免在春茶前施用速效化肥；减少树冠修剪频度。

（3）生化品质变幅大，鲜叶采摘必须正确把握生产季节。由于最佳品质形成期是在 1 芽 1 叶期后，采制名优茶时往往出现内质与外形不协调的矛盾，因此采摘标准应控制在 1 芽 1、2 叶为宜，兼顾质量和产量。

（4）适制绿茶，低度白化或不白化的鲜叶采用扁形茶加工尤为适宜。

第二节　千年雪

余姚市德氏家茶场从当地农家种中选育的自然株变种，1998 年开始扦插繁育，2008 年获得浙江省林木品种委员会良种认定，现被引种推广到浙江、江苏、四川、山东等省份。

一、白化特性

白色系、叶白型、阶段性白化，白化形态规则、稳定。千年雪的白化形态、白化规律与白叶 1 号相似，但返绿表现与白叶 1 号不一致，返绿迟缓，白化残留明显；对气温敏感性更强，白化劣质现象较轻。

1. 白化形态

根据白化程度不同，芽叶色泽可分为浅绿、玉白、净白等色阶，其中芽头有时会呈现白中带曙红的色泽；与白叶 1 号一样，脉绿叶白是其白化的典型特征；白化叶返绿时，先叶脉和背面、后正面依次返绿，往往正面会在以后几个月里保留白色残留。

2. 白化规律

白化温度阈值与白叶 1 号基本一致，约为 23℃。温度对白化启动的敏感性强于白叶1号,但白化后对温度敏感性要弱于白叶1号。

气温低于15℃时,春茶新芽萌展色泽呈玉白色,萌展后渐成白色,白化程度随着新叶萌展而加强,直至呈现漂亮的净白色,最白时间可持续到1芽4、5叶,而后逐渐返绿(图2-5)。

图2-5 合适气温条件下白化表现

温度在15~25℃以下时,春茶萌展到1芽1叶期后芽叶出现绿至玉白色;在这过程中,若出现温度的大幅变动,芽体会出现白中带曙红的色泽。萌展后渐成绿茎白叶,1芽4、5叶时可达到最大白化程度。

当新芽萌展适逢在25℃以上气温时,白化表现困难,茶芽往往呈红色,而后即使气温下降也难以白化(图2-6)。

千年雪白化后对温度的敏感程度低,持白时间较白叶1号长一个月以上,可持续到6月份,白化呈现明显的"后明性"特征。

图2-6 白化温度阈值以上时萌展的红色芽叶

与白叶1号只限于春季白化的性状不同,千年雪在晚秋梢生长过程中遭遇突发性低温时会产生白化;实验室研究表明,温度低于15℃时,各季新梢均能表现良好的白化状态。

3. 返绿表现

返绿先在叶脉、叶背出现,后延伸到正面,到春末多数叶片背面全部返绿,而正面继续保持白色或白色残留,直到秋季,少数到冬天仍保持白化残留特征(图2-7)。

4. 劣质现象

主要表现出徒长茎和生理障碍,而出现芽叶畸变的概率较小。

气温持续在15℃以下,新梢萌展到2叶时,会出现茎梗大幅徒长、第3片叶不再萌展的现象,1芽2叶的芽梢长可达10cm以上,返绿较为迟缓;高

图 2-7 不同时期的白化残留形态

度白化的芽叶在连续晴天时,则出现叶尖、叶面大范围灼伤,甚至落叶,严重影响鲜叶品质和后续树势(图 2-8)。

图 2-8 阳光灼伤的白化芽叶

二、生物学特性

1. 形态特征

灌木型,半直立,树体高大,树势强,分枝密集,节间短,成园快,树势发育并不受白化变异影响,与常规品种无异。

芽体中等短粗、节间短。立体栽培时顶芽和侧芽的大小、1叶期芽叶和2叶期芽叶差异十分明显。1芽1叶、1芽2叶芽体长分别为3.0cm、5.5cm,百芽重分别为10g、21g。夏秋茶1芽2叶前芽叶往往呈红色。

小叶类,椭圆形叶,叶长、宽分别为 6.9～8.5cm、3.2～4.3cm,叶色浅绿,革质、无光泽,叶面隆起,锯齿明显;从顶芽向梢基垂直透视,上下叶片呈三角排列,与一般茶树叶片呈相对排列的区别明显,成为鉴别该品种的特性之一(图 2-9)。

开花量大,花朵大,花瓣三重,9～12瓣,瓣色白,花形端庄,是该品种的另一明显特征(图 2-10);结实能力好于白叶1号,种子颗粒较小,种子后代白化遗传性较好。

2. 物候期

晚生种,大于10℃的年活动积温5000℃区域,春茶1芽1叶开采期约在4月上中旬,较白叶1号迟5～7天,但2012年情况特殊,因3月26日至29日高温作用,两者采期相近(表2-3)。

图 2-9　叶片排列形态　　　　　　图 2-10　花朵形态

表 2-3　千年雪与白叶 1 号 1 芽 1 叶开采期

年份	千年雪(月/日)	白叶 1 号(月/日)
2010 年	4/17	4/11
2011 年	4/17	4/12
2012 年	4/8	4/7

3. 新梢生育特性

萌芽能力超强,春季枝梢部分芽位采去芽叶后,往往能萌发第二批芽叶;分枝密集,横向生长能力强。良好的侧枝分生能力有利于幼龄期提早成园,但成龄茶园当修剪程度较轻时,往往因萌发密度高而制约新梢伸展长度。一般情况下,春后修剪、持续蓄梢到当年秋后,枝梢生长量大于 50cm;三四年生茶树春后离地 40～60cm 处修剪,秋后枝梢长度为白叶 1 号的 1 倍以上,生长势与常规茶树无异。

4. 抗逆性

抗逆性,总体上强于白叶 1 号,尤其是抗寒性。

5. 繁殖性状

一般栽培条件下,由于千年雪分枝密集,生长势强,因此孕蕾开花能力较白叶 1 号低,但结实能力明显好于白叶 1 号。同时,种籽白化遗传能力较强,因此可以作为优秀的种质资源加以利用。采用短穗扦插繁殖时,由于节间短,往往两个节间才能剪取一个扦穗,插穗剪取率较低,但扦插容易、成活率高。

三、经济学特性

1. 需肥性能

该品种适合在砂质含量高的土地栽培,幼龄期对肥力需求量大,高肥培栽培能确保其提早成园和较高产出能力。与白叶 1 号相似,春茶前使用速效化肥会导致其提前返绿或不白化,品质大幅下降。

2. 产量性状

幼龄期茶园产出能力较大,成龄茶园茶叶产量高;芽叶嫩度不同,质量大小悬殊,因此产量高低差异较大。试验记录,种植第二年至第六年的五年平均产量超过 10kg。

3. 加工性能

白化芽叶适制绿茶,品质优异;未白化春茶鲜叶加工的绿茶品质只能达到常规绿茶水平,特别是气温较高时红色芽叶加工的绿茶色泽偏深、滋味苦涩,与同为未白化的白叶 1 号的绿茶品质大相径庭。1 芽 1 叶开展以上嫩度时,芽叶短粗,适制扁形茶,外形挺直壮实;1 芽 2 叶初展以下嫩度时,芽叶形态较大,适制卷(蟠)曲茶,成形美观。

4. 品质特性

白化良好鲜叶加工的茶叶无论是鲜醇度还是香气程度都能超过白叶 1 号。历年跟踪检测,总体水平高于白叶 1 号 8.6%~30.2%(表2-4),氨基酸最高含量达 12.61%。

表 2-4　余姚市德氏家茶场千年雪生化成分检测结果　(单位:%)

采制日期	芽/叶	白化程度	水浸出物	茶多酚	氨基酸	咖啡碱
04/4/17	千年雪	良好白化	39.3	16.0	6.4	3.1
	白叶 1 号	良好白化	39.2	18.1	6.2	3.77
08/4/14	千年雪	轻度白化	39.1	19.7	5.6	2.3
	白叶 1 号	轻度白化	41.1	23.3	4.3	2.7
10/4/27	千年雪	趋于返绿	49.4	22.5	5.0	2.6
	白叶 1 号	趋于返绿	49.3	15.4	4.3	2.1
12/4/10	千年雪	良好白化	42.4	16.3	7.6	3.6
	白叶 1 号	良好白化	46.4	14.2	7.0	3.8

四、品种提示

(1)该品种植株生长旺盛,树体高大,分枝密集。形态特性提示该品种可参照常规品种密度布局种植,既适合立体采摘模式,也适合平面采摘茶园模式。

(2)适合在年活动积温小于 5000℃区域种植,尤其适宜在高山温凉山地作为优质高效品种栽培。萌展迟,与白叶 1 号构成理想的搭配布局。

（3）白化期和年间生化品质特性相对稳定,采制品质差异小。春茶白化后,应及时采摘。

（4）适合高砂质深厚土地种植。幼龄期加大肥培水平,成龄茶园应适当控制化肥使用。分枝节间短,育苗时部分枝梢改一叶插为二叶插。全年采摘时,夏秋茶适制红茶。

第三节　四明雪芽

曾名"小雪芽",余姚市德氏家茶场从当地农家种中选育的自然株变种,1998年开始扦插繁育,与千年雪等列入宁波市重大科技项目研究内容,获得浙江省科学技术进步三等奖,现推广到浙江、江苏等一些地区栽培。

一、白化特性

白色系、芽白型、阶段性白化,白化形态规则、稳定。与白叶1号、千年雪不同,四明雪芽自萌芽起即表现出白化形态,属芽白型品种;对温度和土质条件(包括肥料)敏感性较弱。

1. 白化形态

根据白化程度不同,芽叶色泽可分为浅绿、白中透红、玉白、净白、雪白等色阶。白化良好时,茎、脉、叶肉的白化色泽一致;返绿时,先从叶基开始,然后向叶尖转移。白化残留往往出现在叶片先端。

2. 白化规律

白化温度阈值为25℃,对温度的敏感程度低,土壤及肥料对白化影响小于白叶1号和千年雪。

气温低于20℃时,春茶新芽萌展色泽呈玉白色,随着新叶萌展白化程度加强,最后呈漂亮的雪白色,时间可延续到一芽四五叶,而后逐渐返绿;低温时出现徒长茎的可能性较小,返绿较为迟缓(图2-11左)。

气温在20～25℃时,前期萌展芽叶出现浅绿至玉白色,而后随着芽叶的萌展,出现白绿相互渗透的叶色(图2-11中);后期芽叶会出现白中带曙红的色泽,2叶期后,红色消褪,芽叶白中显绿(图2-11右)。

气温在25℃以上时,新芽萌展出现绿叶透红或红色色泽,展叶后芽叶呈绿色色泽。

春季气温先高后低时,早期萌展芽叶往往白化表现不明显,而后萌发的

图 2-11　不同气温、时期萌展的芽叶白化表现

新芽则呈漂亮的白色,因此会出现新梢白枝、绿枝混生现象。

3. 返绿表现

白化—返绿的温度阈值约为
25℃。先从叶基出现绿色,而后逐渐
向叶尖发展,多数叶片能全面返绿,
少数叶片的先端至 7 月初仍能在田
间观察到少量白化残留叶(图2-12)。

4. 劣质现象

主要表现出强光灼伤、劲风侵袭
等生理障碍,而出现芽叶畸变的概率
较小。

由于高度白化芽叶叶质莹薄,遇
光照较强的晴好天气,容易发生叶

图 2-12　白化残留形态

缘、叶尖焦枯现象;在采摘过程中,也容易受损而出现红变;在摊放过程中,
若温度高,叶片往往快速失水而萎软,而芽体失水缓慢,导致摊青不匀,增加
杀青难度。这些是该品种采制中应特别注意的技术关键。

二、生物学特性

1. 形态特性

灌木型,树体半直立,植株健壮高大,生长势强,枝梢粗壮,分枝能力中等,生长发育能力并不受白化变异的影响,与常规品种无异,由图 2-13 可见,四年生茶树高度明显高于白叶 1 号 1 倍以上。

小叶类,成叶椭圆形,叶长、宽分别为 8.7～10.4cm、3.5～5.3cm,叶面微平而质厚,叶缘锯齿明显,成叶色墨绿,冬天尤为深暗,是辩别该品种的明显标志。

晚生、中芽种,芽体壮实;1 芽 1 叶、1 芽 2 叶芽体长分别为 3.0cm、4.1cm,百芽重分别为 10g、22g。夏梢芽叶在 2 叶期前往往呈红色(图 2-14),而秋茶芽叶呈绿色;与春梢白化芽叶构成"三色"芽,这是该品种一个有趣的特点。

花朵中等,花瓣 4～6 瓣,瓣色白,种子颗粒中等。

图 2-13　左为白叶 1 号,右为四明雪芽　　图 2-14　夏梢芽叶

2. 物候期

晚生种,春季萌芽较白叶 1 号迟 5～9 天,较千年雪稍迟。大于 10℃的年活动积温 5000℃区域,1 芽 1 叶开采期约在 4 月中旬(表 2-5)。

表 2-5　四明雪芽 1 芽 1 叶物候期

年份	2010 年(月/日)	2011 年(月/日)	2012 年(月/日)
四明雪芽	4/20	4/18	4/12
白叶 1 号	4/11	4/12	4/7

3. 新梢生育特性

萌芽、分枝密度不及千年雪,但新梢伸展能力较强。一般情况下,春后修剪、持续蓄梢到当年秋后,分枝基粗 6～8mm,枝梢生长量大于 50cm,4～5 年生树冠高度、幅度均在 130cm 以上,生长势与常规茶树无异。

4. 抗逆性

总体上强于白叶 1 号，但年积温 4000℃以下区域，一、二年幼龄茶园仍会受到较严重冻害。

5. 繁殖性状

一般栽培条件下，孕蕾开花能力不强，结实能力明显好于白叶 1 号，白化遗传能力较强，短穗扦插繁殖成活容易、茶苗生长势良好。因此也是一个优秀的种质资源。

三、经济学特性

1. 需肥性能

该品种对土质要求不高，各种土壤均能表现良好的白化性状和生长势，高肥培栽培时能提高产出水平；春茶前使用速效化肥对白化影响不及白化 1 号明显；气温较低区域，适当增加速效肥，能较好地兼顾白化品质和产量。

2. 产量性状

茶叶产量不显著。种植第二年至第六年记录，五年平均产量约为 7.5kg；当白化程度较高时，往往因白化劣质影响，导致有效产量下降。

3. 加工性能

白化芽叶适制绿茶，加工蟠卷类茶更能体现白化茶特色；夏秋季芽叶适制红茶。

四明雪芽的采制技术把握比较困难，加工难度随白化程度的提高而增加，尤其是在摊青阶段要防止失水过快，造成芽、叶失水不匀。主要因素有两个：一是白化鲜叶芽粗叶薄，二是茶汁的胶黏性较强。前一因素往往导致在采摘或摊放过程中引起叶尖、叶缘或叶面出现点片状焦枯等受损现象，当摊放不足时，杀青过程往往出现叶焦芽生、杀青不到位的现象；后一因素，则往往在前一因素不良后果基础上，出现茶汁外渗，引起卷叶、粘连、结块等现象。

4. 品质特性

白化良好鲜叶加工的茶叶品质超过白叶 1 号，主要体现在干茶的金黄色泽和滋味鲜爽度，加工到位的茶叶色泽金黄靓丽，香气浓郁带甜韵，滋味极鲜，犹似味精。未白化鲜叶加工的绿茶色泽与常规茶叶相近，不及白叶 1 号翠绿程度，味觉上仍可体会到白化茶的鲜爽度，但偶尔会有一种似药香气。

生化分析结果表明，该品种氨基酸品质平均水平高于白叶 1 号，氨基酸含量高达 11%，比同地白叶茶 1 号高出 77%（表 2-6）；2004 年夏茶氨基酸

3.1%，而白叶1号为1.8%，说明品种更有利于多茶类开发。

表2-6　四明雪芽生化成分检测结果　　　　（单位：%）

采制日期	芽/叶	白化程度	水浸出物	茶多酚	氨基酸	咖啡碱
04/4/17	四明雪芽	良好白化	41.5	17.7	11.0	3.2
	白叶1号	良好白化	39.2	18.1	6.2	3.77
08/4/14	四明雪芽	轻度白化	42.1	28.0	4.3	2.3
	白叶1号	轻度白化	41.1	23.3	4.3	2.7
10/4/27	四明雪芽	趋于返绿	49.6	15.6	5.2	3.0
	白叶1号	趋于返绿	49.3	15.4	4.3	2.1
12/4/10	四明雪芽	良好白化	46.8	16.6	7.4	3.2
	白叶1号	良好白化	46.4	14.2	7.0	3.8

四、品种提示

（1）该品种植株高大，生长势强，可采取与常规品种一样密度布局种植，既适合立体采摘模式，也适合平面采摘茶园模式；在栽培管理上要通过修剪适度提高分枝密度。

（2）低温敏感型品种，萌芽迟，5500℃以下地区为适栽区域，适栽范围比白叶1号和千年雪要大；大面积栽培时，可与白叶1号搭配布局。

（3）气温较高的晴天，要提防白化叶采制过程中受损和摊放过程中失水不匀、失水过快等现象的发生。

第四节　新品系

2005年以来，余姚市德氏家茶场联合科研院校和推广机构，以白叶1号、千年雪、四明雪芽等白化茶为母本，通过自然杂交，获得了三个品种为骨干的大量变异株系，经田间性状比较试验，从中筛选出一批优良株系，其中瑞雪1号、瑞雪2号属于四明雪芽骨干系种，曙红为千年雪骨干系种，春雪为白叶1号系种。

这四个种质均具有萌芽相对较早、树势健壮、白化表现出色、对温度相对不敏感等优点。与白叶1号等现有推广的低温敏感型白化茶比较，更适宜在高积温茶区栽培，对于南方茶区发展低温型白叶系白化茶具有重要意义。

一、瑞雪1号

瑞雪1号是以四明雪芽为母本的自然杂交后代中繁育的无性株系,种质编号为bw05-02。2005年播种,2007年表达出白化性状,而后通过扦插繁育扩大种质规模,经多年田间性状比较试验,综合性状优秀,突出表现在:萌芽较早,树势健壮,越冬成叶厚重,叶色墨绿;白化对温度依赖不敏感;白化表现极为出色,程度远优于亲本,最大白化程度呈雪白色,但白化叶抗阳光灼伤能力差。

(一)白化特性

低温敏感型、白色系白化茶,但白化对温度依赖性极低。春梢白化,芽白型白化种;白化程度高、形态规则、表现稳定;白化持续时间长,返绿迟缓(图2-15)。

图2-15　瑞雪1号春梢形态

春梢自萌芽起即表现充分白化。3叶期前,芽叶最大白化程度呈雪白色,叶质莹薄剔透;3叶期后,茎、脉渐成嫩绿色,叶面继续保持白色,并随新梢生长逐渐返绿。返绿一般在3叶期后才启动,从茎基至顶端、主脉至侧

25

脉、叶基至叶尖、叶脉至叶肉的次序先后返绿，一般要到第二轮新梢萌展时才完全转绿(图 2-16)。

图 2-16　1 叶期和 3 叶期形态

白化对温度依赖的敏感性极弱，据近四年观察，白化温度阈值不明显。2010 年和 2013 年春茶期间，光少雨多、气温偏低，适合低温敏感型白化茶的白化表现，本种与母本、白叶 1 号均表现出充分白色；2011 年、2012 年春茶期间，气温偏高，不适宜低温敏感型茶白化，四明雪芽仅表现轻度白化、时间短，白叶 1 号稍呈白色表现，而本种白化基本不受气温影响，十分透彻、稳定。

由于本种高度白化且持续时间长，叶质莹薄，所以易产生阳光灼伤等生理障碍。高度白化的春梢任其生长，在完全返绿前，阳光灼伤概率达到百分之百；劲风吹袭也可导致芽叶受损；白化新梢相对瘦弱，但不会产生茎梗伸长、叶片柳形畸化等劣质现象。

(二)形态特性

灌木型，树姿直立，树势中上，分枝部位低，分枝密度中等，较亲本紧凑。小叶类，成叶呈宽椭圆形，叶长 8.4～9.6cm，宽 4.5～5.1cm，侧脉 10 对；叶基钝，叶尖中，叶身内折，叶面隆，叶质厚而硬，叶缘无波，叶齿密而锐；冬叶色墨绿，蜡质明显。

中芽种，春梢芽体稍瘦长，茸毫少，1 芽 2 叶芽梢长 5.0cm，百芽重

19.6g；夏梢芽色曙红,2 叶期叶色绿；末梢芽色和 2 叶色泽均呈绿色。

孕花能力一般,花色白,花朵直径约 4cm,花瓣 4～5 瓣,少量结实。

(三)生育特性

早生种,大于 10℃的年活动积温 5000℃区域的春茶 1 芽 1 叶开采期约在 3 月底 4 月初,早于安吉白茶 5～7 天,比母本早 12～14 天(表 2-7)。

表 2-7　瑞雪 1 号与对照种 1 芽 1 叶物候期比较

年份	瑞雪 1 号(月/日)	四明雪芽(月/日)	白叶 1 号(月/日)
2010	4/6	4/20	4/11
2011	4/5	4/18	4/12
2012	3/31	4/12	4/7

萌芽能力中等；春梢因白化程度高,新梢伸展能力较弱,夏秋梢新梢萌展能力较强,春后修剪、当年持续蓄梢到秋后,枝梢生长量 60cm 以上。

白化春梢抗阳光灼伤能力极弱,灼伤后对当年树势影响极大。因此,本种在幼龄茶园、春梢不进行采摘时,应进行遮光处理,直至春梢全部返绿后,恢复到常规茶园栽培方式。

二、瑞雪 2 号

以四明雪芽为母本的自然杂交后代中繁育的无性株系,种质编号为 bw05-20。2005 年播种,2007 年表达出白化性状；而后通过扦插繁育扩大种植规模,经多年田间性状比较试验,综合性状优秀。其突出性状是:萌芽早,树势健壮；白化对温度依赖极不敏感；白化表现极为出色,程度远优于亲本,最大白化程度呈雪白色；白化叶抗阳光灼伤能力明显优于瑞雪 1 号(图 2-17)。

图 2-17　瑞雪 2 号春梢

(一)白化特性

低温敏感型、白色系白化茶,但白化对温度依赖性极不敏感。春梢白化,芽白型白化种;白化程度高、形态规则、表现稳定;白化持续时间长,返绿迟缓。

春梢自萌芽起即表现充分白化,直至新梢萌展休止。3叶期前,芽叶最大白化程度呈雪白色,嫩茎乳黄(图2-18);3叶期后,茎、脉渐成嫩绿色,叶面继续保持白色,并随新梢生长逐渐返绿。返绿在3叶期后才启动,从茎基至顶端、主脉至侧脉、叶基至叶尖、叶脉至叶肉的次序先后返绿,一般要到第二轮新梢萌展时才完全转绿。

白化对温度依赖的敏感性极弱,据近四年观察,白化温度阈值不明显。2010年和

图2-18　2叶期春梢

2013年春茶期间,光少雨多、气温偏低,适合低温敏感型白化茶的白化表现,本种与母本、白叶1号均表现出充分白色;2011年、2012年春茶期间,气温偏高,不适宜低温敏感型茶白化,四明雪芽仅表现轻度白化、时间短,白叶1号稍呈白色表现,而本种白化基本不受气温影响,白色表现十分透彻、稳定。

本种白化程度高,持续时间长,对阳光灼伤的抗性较强。2011年,瑞雪1号出现高度灼伤,而本种只出现轻微叶片枯焦,同时不会产生茎梗伸长、叶片柳形畸化等劣质现象。

(二)形态特性

灌木型,树姿直立,树势强,分枝较亲本部位低、密集。小叶类,成叶呈宽椭圆形,叶长9.4～10.7cm,宽3.7～4.1cm,侧脉9对;叶基楔形,叶尖中,叶身平,叶面平,叶质中等,叶缘微波,叶齿中等;冬叶色绿。

中芽种,春梢芽体稍瘦长,茸毫少,1芽2叶芽梢长5.1cm,百芽重24g;夏梢芽色曙红,2叶期叶色绿;末梢芽色和2叶色泽均呈绿色。

孕花能力弱,花色白,花朵直径约3.5cm,花瓣4瓣,雌蕊位置高,结实少。

(三)生育特性

中偏早生种,大于10℃的年活动积温5000℃区域的春茶1芽1叶开采期在3—4月上旬,早于安吉白茶3～7天,比母本早10～12天(表2-8)。

表 2-8　瑞雪 2 号与对照种 1 芽 1 叶物候期比较

年份	瑞雪 2 号(月/日)	四明雪芽(月/日)	白叶 1 号(月/日)
2010	4/8	4/20	4/11
2011	4/8	4/18	4/12
2012	3/31	4/12	4/7

春梢萌芽能力和新梢伸展能力较强,夏秋梢新梢萌展能力强,春后修剪、当年持续蓄梢到秋后,枝梢生长量 60cm 以上。

白化春梢抗阳光灼伤能力较强。但在幼龄茶园、春梢不进行采摘时,仍应进行适度遮光处理,直至春梢全部返绿后,恢复到常规茶园栽培方式。

三、曙雪

以千年雪为母本的自然杂交后代中繁育的无性株系,种质编号为bw05-21。2005 年播种,2007 年表达出白化性状;而后通过扦插繁育扩大种植规模,经多年田间性状比较试验,综合性状优秀。其突出性状是:萌芽期早于母本,树势健壮,叶革质,齿锐而密;白化对温度依赖较敏感;白化表现优于亲本,白化色泽表现特殊,往往呈现白里透红色泽,最大白化程度时近白色;白化叶劣质表现轻于母本。

(一)白化特性

低温敏感型、复色系白化茶。叶白型、阶段性白化,白化形态规则、稳定。白化对温度依赖较敏感。春茶自萌芽起即表现出白化形态,色泽多呈白里透红,复色特征是低温敏感型白化茶中一个比较特殊的种质。

春梢自萌芽起呈现曙红色,气温适宜时,展叶起表现白化。3 叶期达到最大白化程度,呈红茎、白叶、红芽状态(图 2-19 左);气温较高时,则由红转绿,不表现白色。3 叶期后,自茎、脉、叶背逐渐返绿,然后向叶面转移,白化残留往往出现在叶片正面,与母本一致。

白化对温度依赖较敏感,但弱于母本。据近四年观察,白化温度阈值23～25℃。2010 年和 2013 年春茶期间,气温偏低,白化表现充分;2011 年、2012 年白化程度稍差,但明显好于千年雪。

本种白化程度稍低,持续时间不长,生理障碍和劣质现象较轻。

(二)形态特性

灌木型,树姿直立,树势强,分枝密度较母本稀疏。小叶类,成叶呈宽椭圆形,叶长 8.0～9.1cm,宽3.6～3.8cm,侧脉 9 对;叶基楔形,叶尖中,叶身平,叶面平,叶质硬,叶缘微波,叶齿锐而密(图 2-20);冬叶色绿。

图 2-19 曙雪春梢、夏梢形态

中芽种,春梢芽体粗壮而长,茸毫少,1 芽 2 叶芽梢长 6.0cm,百芽重 27g;夏秋梢芽色和 2 叶期叶色均显紫红色(图 2-19 右)。

孕花能力弱,花色白,花朵直径约 3.2cm,花瓣 6 瓣,花柱分裂位置低,结实少。

(三)生育特性

晚生种,大于 10℃ 的年活动积温 5000℃ 区域的 1 芽 1 叶开采期在 4 月上中旬,较白叶 1 号早 0~7 天,较母本早 5~7 天(表 2-9)。

图 2-20 曙雪春梢成熟叶特征

表 2-9 曙雪与对照种 1 芽 1 叶物候期比较

年份	曙雪(月/日)	千年雪(月/日)	白叶 1 号(月/日)
2010	4/10	4/17	4/11
2011	4/12	4/17	4/12
2012	3/31	4/8	4/7

30

新梢萌芽能力和伸展能力较强,树体高大,分枝密度中等。春后修剪、当年持续蓄梢到秋后,枝梢生长量 80cm 以上。

白化春梢抗阳光灼伤能力较强;适制绿、红茶。

四、春雪

以白叶 1 号为母本的自然杂交后代中繁育的无性株系,种质编号为 bw05-13。2005 年播种,2007 年表达出白化性状;而后通过扦插繁育扩大种植规模,经多年田间性状比较试验,综合性状优秀。其突出性状是:萌芽期早于母本,树势健壮,树体与常规品种接近;白化对温度敏感性不强;白化表现优于亲本,白化色泽表现特殊,最大白化程度时近净白色;白化叶劣质现象轻,叶型等其他性状与母本接近。

(一)白化特性

低温敏感型、白色系白化茶。叶白型、阶段性白化,白化形态规则、稳定。春茶自 1 叶起即表现出白化形态,白化对温度依赖不及母本敏感(图 2-21)。

图 2-21　春雪春梢

春梢自萌芽起呈现玉绿色至玉白,气温适宜时,展叶后表现白化;3 叶期达到最大白化程度,呈净白色;3 叶期后,自茎、脉始逐渐返绿,与母本一致。

白化对温度依赖不及母本敏感,白化温度阈值高于母本,约为 23～

25℃。2011 年、2012 年连续两年春季气温较高,母本白叶 1 号白化表达不明显(图 2-22 左),但该种均表现良好白化,持续时间较长,且生理障碍和劣质现象较轻。

图 2-22 春雪春梢(右)与母本春梢(左)白化色泽比较

(二)形态特性

株型明显较母本健壮高大。灌木型,树体半开张,萌芽、分枝密集,生长势强,生长发育能力良好,基本不受白化影响。

小叶类,成叶长 7.2～9.5cm,宽 2.7～3.5cm,叶脉 11 对,成叶椭圆形,叶面内折,质地中等,叶缘平,锯齿锐而密集,成叶色绿。

中芽种,芽体壮而长;1 芽 2 叶芽梢长 4.9cm,百芽重约 27.8g。

花朵中等,直径 3.1cm,花瓣 4～5 瓣,瓣色白,子房茸毛密集。

(三)生育特性

中偏早生种,大于 10℃的年活动积温 5000℃区域的 1 芽 1 叶开采期约在 4 月上旬,较母本白叶 1 号早 3～4 天(表 2-10);如图 2-22 所示,本种(右边芽梢)已萌展到 1 芽 3 叶时,白叶 1 号(左边芽梢)萌展到 1 芽 2 叶,萌展值比母本高 0.5～1。

表 2-10 春雪与母本(对照种)物候期比较

年份	春雪(月/日)	白叶 1 号(月/日)
2010	4/7	4/11
2011	4/8	4/12
2012	4/4	4/7

新梢萌芽能力和伸展能力较强,树体高大,分枝密度密集。春后修剪、当年持续蓄梢到秋后,枝梢生长量 60cm 以上;白化春梢抗阳光灼伤能力较强。

第三章　扦插育苗

茶树短穗扦插育苗能在保持母树优良特征的同时,实现茶苗的快速增殖,是当前包括白化茶在内的茶树无性系良种化推进的最佳途径。

第一节　基础事项

茶树短穗扦插育苗从育苗计划、扦插、管理到苗木出圃,技术相当烦琐,育苗者要提前落实土地、劳力、资金、物资等事项,熟练、准确地把握养穗、建圃、扦插、苗期管理等各个技术环节,方能保证育苗的顺利完成。

一、技术经济特性

1. 茶苗白化特性

低温敏感型白化茶在育苗周期里一个特殊现象是白化性状的暂时消失,其原因在于育苗周期里,覆盖保温、遮荫等措施改变了微域生态,导致茶苗春梢芽叶白化现象消失。这种现象消失有利于苗木生长,而不会改变茶树的白化本质。

采取继代扦插育苗的方法可能会导致白化茶白化特性退化。有的会出现茶苗种植后白化现象不明显、茶叶品质下降;有的则出现生殖生长提前,大量开花,生长势明显受到抑制,同时随着树龄的增加,氨基酸含量下降。因此,白化茶育苗应考虑建立能保持、稳定和纯化品种特有性状的专门母本园。

2. 育苗技术特性

低温敏感型白化茶育苗技术区别于常规品种的重要之处,在于采穗园和穗枝培育要求采取特定技术,主要有两点:一是采用春梢作为穗条时,必须通过调控技术,防止春梢高度白化,避免采用高度白化枝条作为穗源。一般在年积温小于4800℃的区域,尽量减少采用春梢作为穗源。二是秋季扦插时,应采用无蕾枝梢作为穗条,尤其是白叶1号等花蕾孕育旺盛的品种,在有效地控制花蕾孕育的基础上,扦插后一定时间内应及时进行灭蕾,否则会严重影响茶苗成活率和前期生长势。

3. 茶苗生长特性

一方面,由于育苗期间采取保护与精细管理措施,生育条件得到优化,白化性状得到控制,苗期生长势往往优于移栽后长势;另一方面,由于白化茶种质遗传差异,白化茶阶段发育水平随着树龄增加迅速递进,提前转向生殖生长或加速衰败,其中白叶 1 号是比较典型的品种。

4. 经济特性

一年中短穗扦插育苗的扦插时间长达 6 个月以上,有利于生产安排;采用"一芽一叶一寸长"插穗,插穗用材省,繁殖系数可达数十倍甚至上百倍;插穗可取材于专门的母本园、生产园或苗圃,来源方便。但扦插育苗是一项劳力密集型的农业生产项目,其中劳动力成本要占到育苗总投入的一半以上,而设备水平和经营规模的不同,单位成本具有很大的差距。因此,合理安排扦插时机,科学管理,提高出圃率,不仅能大量提供优质茶苗,也能创造较高的经济效益。

二、育苗技术流程

白化茶短穗扦插育苗技术的主要流程如下:

$\boxed{育苗计划}$:应确定育苗品种、数量、时间,进行资金、物资、劳力等准备。

↓

$\boxed{培养插穗}$:确定何种插穗来源,提前落实安排培养穗枝。

↓

$\boxed{圃地准备}$:要提前做好苗圃、苗床整理和相应物资配备。

↓

$\boxed{剪穗扦插}$:扦插时应做到剪穗、扦插及苗圃管护三者同步进行。

↓

$\boxed{苗圃管理}$:做好水分、温度、光照、肥培、病虫草害、控枝等管抚工作。

↓

$\boxed{起苗出圃}$:做好起苗前圃地控水、包装材料等准备,按标准起苗。

三、育苗周期与时间

大地扦插育苗周期一般需要一周年的生长时间,才能育成健壮合格的茶苗。但随着育苗和种植技术的进步,育苗周期朝着适当缩短方向发展。许多自繁自育者,在就近育苗、生态条件良好地方,往往采用小规格苗移植;采用设施化等先进设施技术育苗时,往往不需要一周年生长时间,茶苗就已经达到规格要求;另外精细化种植技术也为茶苗提前出圃提供了保障。一些地方大胆采用梅季、秋季种植,栽培效果往往好于冬春种植。

就育苗时间来说,一年中,除了春梢未成熟期而不能采穗扦插外,其他时间都可进行扦插育苗。依据穗源特质、育苗周期、技术关键等要素,扦插时间分为梅插、夏插、秋插、冬插、春插等五个时段(表3-1)。

表 3-1　宁波地区及同积温区域白化茶树短穗扦插时段

扦插季节	扦插时段	育穗时间	出圃时间	技术特征
梅插	6/中—7/上	春前蓄梢	当年秋后	春梢为穗、当年出圃
夏插	7/中—8/下	春后蓄梢	翌年梅季后	前二轮梢、无花蕾穗枝
秋插	9/上—10/下	夏季蓄梢	翌年秋后	有花蕾穗枝、插穗当年发育启动
冬插	11/上—12/下	秋季蓄梢	翌年秋后	插穗休眠越冬
春插	2/下—3/中	秋季蓄梢	当年秋后	扦插后进入发育期

(一)梅插

扦插时段为6月中旬—7月上旬;采穗圃在春茶萌芽前进行修剪;秋季生长休止后可出圃。优点是扦插成活率高、根群密集,育苗周期短;缺点是茶苗规格偏低,苗高在10～20cm之间。梅插时,应尽量争取早插,同时要加强光肥水供应。若时间过迟,管理不到位,则往往生长量不够,秋后难以移栽,尤其高山高纬度茶区不太适用梅插;秋后至翌春移植时,虽然根群比较集中,利于成活,但种植当年加强管抚至关重要。另外,春梢白化程度太高时,也不适宜采穗,而梅插还会带来母本园春茶收入减少。

(二)夏插

扦插时段为7月中旬—8月下旬;采穗圃要在春茶提早结束、修剪养穗,或利用改造茶园、立体茶园采穗;出圃一般要在第二年的秋后。优点是穗枝尚未形成花芽,插后愈伤时间短、生长发育快、成活率高;缺点是扦插季节气温高、劳动强度大,远距离异地采穗风险高;茶苗在扦插当年可达到10cm以上高度,翌年生长量大,扦插过密时往往造成茶苗因过高而质量下降。

(三)秋插

扦插时段为9月上旬—10月下旬;穗源可来自春后修剪养穗的母本园、苗圃或立体茶园;出圃一般要在第二年秋后。优点是这一时间气候宜人,可插时期长,插穗来源广,劳动强度小,便于生长安排,且扦插苗往往当年形成完整植株或愈伤组织,能安全越冬;缺点是育穗不当,往往带有大量花蕾,增加剪穗或插后灭蕾工作量。这段时间内扦插得越早,茶苗成活率和生长量越好。

(四)冬插

扦插时段为11月上旬—12月上旬;穗枝来源同秋插;出圃一般要在第二年秋后。这一时段扦插时,插穗已进入休眠状态,基本不会形成伤口愈合;越冬技术要求较高,而翌年茶苗发育态势基本上等同于春前扦插茶苗。冬插往往在南方温暖区域可行性强,其他地区一般不提倡。

(五)春前插

时间在春茶萌发前,穗枝来源同秋插,出圃则在当年秋后。春插多适用于气候温和的茶区。由于扦插处于树汁流动前期,插穗能立即进入萌芽期,因此成活率可得到保证,但应加强插后肥培管理水平,才能保证有足够生长量。

四、茶苗质量要求

扦插苗根据宁波白茶标准,分为一级和二级。一级苗规格要求:基部粗度2.5mm以上、株高25cm以上、大于15cm根系10条以上的苗占95%;二级苗规格要求:基部粗度2mm以上、株高18cm以上、大于15cm根系4条以上的苗占95%。均无茶根结线虫、茶根腐病、茶饼病等检疫对象,纯度100%。

理想的白化茶苗应先看枝梢粗度和根系发达程度,其次再看高度,粗度3mm以上、根系密集、分枝一个以上、高度25~40cm时为最理想(图3-1)。有些苗高度只有15~20cm,但茎枝粗、根系发达,应是理想壮苗。从扦插苗应用实践来看,若在育苗期间进行控高促梢处理,增加分枝密度,形成2个以上分枝,这样的茶苗更有利于移栽后树冠快速形成。

图 3-1　一年生扦插苗

第二节　育穗技术

　　严格地说，来自母本园的穗源能更好地保证白化茶种性，但在生产上，插穗取材往往来源多样，包括专用母本园、生产茶园、改造茶园和苗圃等。为提高扦插成活率和茶苗长势，首先应培育健壮合格穗枝。

一、穗枝质量

穗枝质量包括穗枝的粗度、长度、成熟度、完整度和白化程度。

当年生茶树枝梢的粗度和长度之比，大约为 1∶80～100 的比例，适合插穗的枝梢粗度通常在 2.5～5mm，其中以 3～3.5mm 为最佳。因此，适合插穗的穗枝长度一般在 20～50cm 范围。当粗度足够时，穗枝长短、穗枝节间长短是关系到插穗剪取率高低的重要因素。品种间比较，白叶 1 号系品种节间较长，剪穗率较高，而千年雪节间短，剪穗率相对较低（表 3-2）。

表 3-2　不同品种枝梢粗度与节间长度

品种	白叶 1 号	千年雪	四明雪芽	瑞雪 1 号	瑞雪 2 号	曙雪	春雪
粗度 (mm)	2.0～3.5	2.5～4.0	2.5～3.8	2.5～2.5	2.5～3.5	2.5～4.0	2.0～3.5
节间长度 (cm)	2.5～4.0	2.2～2.8	2.5～3.0	2.5～3.0	2.5～3.0	2.6～3.8	2.5～4.0

插穗成熟度一般都要求在半木质化程度以上。通常情况下，经过一个生长轮次的穗枝即可符合插穗的要求。但如果考虑成熟度，从萌芽到成熟的生长时间一般需要 1 个半月以上，其中春梢成熟时间要长于夏梢、又长于秋梢。

插穗的完整度是指枝梢健壮、芽眼饱满、叶片正常完整，成熟度在半木质化以上。在一个枝梢上，基部的数个叶片往往叶型较小，不适合作为插穗，而顶部的数个叶片又因节间很短，难以剪取合格插穗。

白化程度，是白化茶插穗的特殊要求，当叶片出现高度白化甚至畸化时，即使粗度、节间长度合适，也不宜作为插穗。

二、穗源及采穗量

育穗可采用专用母本园、立体采摘茶园，或利用幼龄茶园、重度改造后茶园，封行成龄生产茶园的茶行整修枝也可成为穗枝来源；另外还可利用苗圃采穗。

1. 专用母本园

周年可采二至三次穗枝，即 6、7 月间采春梢、8 月下旬采夏梢、秋后采秋梢。

2. 立体茶园采穗

春茶采摘后培育穗枝的立体采摘茶园，一般供夏插或秋后采穗。

3. 改造茶园采穗

衰败茶园进行改造后、蓄梢复壮过程进行采穗，一般可供秋后采穗。

4. 茶行整修枝

成龄封行茶园秋后修边剪下的枝条可作为秋后插穗。

5. 苗圃采穗

上年扦插的苗圃在起苗前进行截顶采穗，主要用于秋插和春前插，但在冬季前不出圃且无保护越冬措施时，不提倡秋季采穗，以免茶苗受冻。

不同采穗园的穗枝可采产量往往存在很大差别，各类采穗园能达到的平均采穗量参考值如表3-3所列。

表3-3　不同采穗园扦插穗枝采穗量　　　　（单位:kg）

采穗园别	6、7月间	7、8月间	秋后
成龄专用母本园	300～500	300～500	600～1000
成龄立体茶园	—	500～1000	500～1000
改造茶园	—	—	200～500
成龄封行立体茶园	—	—	200～400
上年扦插苗圃	—	—	200～400

三、剪穗量

剪穗量是指单位重量穗枝可剪取扦插短穗的数量。由于穗枝成熟度、粗度和节间长度等因子的差异，剪穗量会表现出很大差别。一般采穗时间越早、成熟度越低、枝粗越大、节间越短，剪穗量越低。梅插、夏插时穗枝剪穗量一般为同等粗度秋梢剪穗量的70%～80%（表3-4）。

表3-4　不同粗度成熟秋梢短穗剪取量参考值

枝梢粗度（mm）	扦插短穗（枚/kg）
2.5～3.0	800～1000
3.1～4.0	600～800
4.1～5.0	400～600

四、采穗面积

在生产上，可以根据上述指标计算出采穗园大概所需面积：

采穗园所需面积＝（亩采穗量×剪穗量）/（育苗面积×亩插穗量）

五、育穗技术要点

白化茶育穗要在培育健壮穗枝基础上突出两个方面,一是春梢为插穗时,要强化对白化程度的控制;二是秋季采穗园,强调对孕蕾开花的调控。

1. 复壮树势

梅季、夏季采穗茶园应在春前或春茶提前结束进行树冠修剪;早秋季采穗的母本园在春茶后及早进行树冠修剪;秋后采穗茶园,则应在8月中下旬促发秋梢。一般要求春茶后修剪到主枝粗8mm以上、阶段年龄5龄以下程度为宜。专用母本园采穗后应及时进行冠面整修,促进下批分枝整齐萌发。

2. 增加营养

首先应选择土质肥沃地段的青壮龄茶园为采穗园。一般情况下,年度基肥参照生产茶园标准;专用母本园每次采穗后应施肥,亩施复合肥25kg。同时应加强病虫草害防治,保证穗枝发育健壮、形态完整。

3. 控制白化

培育春梢作为穗枝时,应根据当年春梢可能出现的白化情况,提前做好采穗圃管理工作。高度白化茶园应在春茶萌展期通过覆盖薄膜方法,提高茶园气温,促进茶园返绿;白化程度较轻时,也可覆盖遮荫网,减少白化程度。

4. 抵制花蕾

秋季采穗园,应在二轮新梢成熟后,留两个芽位再次修剪,促发第三、四轮子新梢为穗枝,这样可有效地解决孕蕾问题,形成无花蕾的健壮枝梢。立体采摘茶园由于每年春后要进行树冠重度再造,为平衡枝梢生育状况和控制花蕾孕育,一般在6月底至7月初、8月初或9月初要进行一到二次控梢,但白叶1号等一些弱势品种往往只进行一次控梢。

5. 合理采穗

采穗要求做到适时、适度,尽量剪取枝叶健壮完整、枝粗、成熟度合理的枝梢;在生产园、未成龄茶园采穗时要兼顾树冠发育状况,不能顾此失彼;苗圃采穗时,秋季采穗会降低茶苗抗冻能力,如采穗后不在越冬前出圃,且无保护措施,则不应采穗,防止受冻落叶、死亡(图3-2)。

图 3-2　冬前剪梢导致茶苗受冻严重

第三节　建立苗圃

扦插苗圃涉及的土地、棚架、保护材料、基质、肥水及用工、技术要求等，应逐一提前准备落实到位。

一、准备资材

(一)棚架

当前,农作物育苗技术已走向设施化、智能化,但茶树育苗由于简便、高效、规模小,多数仍采用简易设施。目前主要采用以下两种方式:

一是小拱棚育苗。中心高 60～70cm,拱形跨度 100～110cm,拱骨间距一般为 1m(图 3-3)。拱骨为毛竹削成的长条,长度 200～250cm,宽度 3～3.5cm,削去毛竹的节间棱角和边棱,两端成剑状。

二是钢管大棚育苗。采用高度 2.2～2.5m,跨度 6m 的标准钢管大棚,按育苗要求,可设置 4 行苗床,长度则可依地而设(图 3-4)。

图 3-3　小拱棚育苗

图 3-4　钢管大棚育苗

（二）覆盖材料

主要有保温和遮荫等两类材料。

1．保温

冬季保温采用 8 丝厚度的无色、透明农用薄膜覆盖。无色、透明农用薄膜的种类很多，以无色无滴长寿膜为首选。

2．遮荫网

多数采用黑色遮荫网，按遮光率分 70％ 和 50％ 两种，其中夏插采用 70％ 的遮荫网或双层 50％ 遮荫网，其他季节扦插的采用 50％ 遮荫网。

(三)灌溉设施

灌溉设施有多种类型,用于茶苗繁育的最合适设施为微喷灌系统,其次是摇臂式喷灌系统,而小规模育苗者采用机械动力喷灌显得比较省本高效。

1. 微喷灌设施

结合大棚育苗设施应用,除供水管道和动力设施外,主要由微型喷头、PVC水管、滤清器三部分组成;跨度6m的标准大棚,按行向取等距位置设置两排,排间距离3m,喷头间距为1m。优点是:操作便利,省工省力;水雾均匀,不易产生水滴溅痕等现象,但投资较大。

2. 喷灌系统

采用摇臂式喷灌系统,按单一喷头摇动的喷灌直径分16～18m和12～15m两种规格,其可采用固定管道和移动软管结合的方式设置。优点是:节省投资成本,适合小规模分散地块的管理。但在设置时应防止产生喷灌死角,在育苗初期应尽量避免过量水滴对插穗和苗床的水溅损伤。

3. 手动灌溉

采用汽柴油机械为动力的简易喷灌设施。

不管采用何种灌溉设施,最关键的还是水源配置,合理的水源是建立喷灌系统的前提。一般选择苗圃上方水源最为有利,可大幅减少能耗,确保水分供给。

(四)基质

大地育苗基质主要是土地平整后覆盖在苗床表面的一层土,习惯采用生物性杂质少的深层土壤,即所谓心土。从各地实践来看,除酸碱度合适外,土壤黏质和颗粒等土质状况的差异,对育苗的成活率相差悬殊。如图3-5所示,右边土粒过大、砂质严重,茶苗生长质量较差,左边采用粉碎、改进后基质,质地细腻,扦插成活率和茶苗质量较高。

(五)生长保障物资

1. 肥

苗床整理前施入腐熟菜饼和复合肥作基肥,茶苗扦插后至茶苗发根阶段使用磷酸二氢钾等,而后使用溶解性好的复合肥、尿素或碳铵等。

2. 水

茶树育苗对水的需求,不仅在于供给的丰缺,也在于水质状况。山地水源质地差异最大的是水温,育苗供水季节往往处在气温较高时机,如果采用的来自山涧或水库深层水源,水温与气温、茶苗树体温度相差很大,能导致

图 3-5 不同基质的茶苗长势

茶树生育受阻。

3. 农药

与茶园使用一致,分防病、虫、草等三类农药(详见第五章)。

二、建立圃地

(一)选择地段

适用育苗的圃地要求地势平坦、水源充足且排灌方便、交通便捷;土质要求肥沃、轻黏轻砂质、微酸性,前作未曾栽培麻类、烟草、蔬菜等易致病虫作物,或未曾作过堆沤肥、燃草木灰、石灰等用地;地段最好选择在海拔400米以下、年活动积温4800℃以上热量充足的沿山水、旱台地。海拔高、积温小的温凉山地由于生长季节缩短、冬季绝对温度低而育苗风险大,沿海平原稻区则因土质不适而不宜建圃。

(二)圃地规划

苗床畦面宽100～120cm、沟面宽25～35cm、床长20～30m、床高10～15cm。但在实际操作中,苗床高度要根据圃地旱涝情况进行调整,苗圃四周应留出排水沟、贮水池和道路。

(三)圃地整理

在清理前作基础上,撒施基肥,然后全面翻耕,按要求规格整理床基。亩施腐熟饼肥 150～250kg,并配施 40kg 复合肥或过磷酸钙。整理时要注意两点:一是如施用未充分腐熟菜饼作基肥,一般需要在扦插前一个月提前施入土地并翻耕入土,尽量不用畜禽粪栏肥;二是床基面宽比上述设定的苗床规格宽 10cm,高度低 3～5cm,这样在加上床面基质土后,建成的苗床才符合要求。

(四)平整苗床

苗床在垂直剖面上分为上下两层,下层为苗圃土壤,上层为增加基质,厚度约 2～4cm,亩需心土约 20～25m³,铺匀后用木板稍作压实。根据各地实践,苗床有平面苗床和凸面苗床两种模式(图 3-6)。

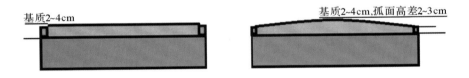

图 3-6　苗床模式
左—平面苗床;右—凸面苗床

平面苗床:适用于土质疏松、不易积水区域应用。加入基质时,苗床四周用竹片加栏,也可在加入基质、平整后用苗圃泥土护床。

凸面苗床:横断面呈中间高、两侧低的弧面形苗床,犹如弧形茶园冠面,高差为 2～3cm,适合土质黏性大、易积水区域应用。基质填加方法与平面苗床一致。

苗床平整后,为提高扦插效率和规则性,床面采用自制木框按要求划痕(图 3-7)。

三、剪穗

(一)采穗

生长季节的穗枝三分之一呈褐棕色时,可开始剪穗扦插。6—8 月,由于茶树处于旺盛生长过程中,茶枝往往偏嫩,为了提高枝梢剪穗量,可在采穗前一星期进行打顶处理。打顶后穗枝应及时剪取,防止侧芽萌展。

图 3-7　苗床扦插行划痕

（二）保湿

从母树上剪下的穗枝，应放在阴凉潮湿的地方，防止水分过度散失，以叶片挺拔似生长状态、叶面不渍水为水分保持的合适程度。最好做到当天剪穗，当天扦插。远距采穗时，从采穗到插完不要超过 3 天。

（三）剪穗

应选取叶片完整无损、芽眼饱满、健壮而嫩度合适的枝梢；每穗带 1 个饱满腋芽和 1 片完整叶，穗长 2.5～4cm；1 个节间剪取 1 穗，节间太短时则剪 2 节成 1 穗；剪口要求平滑，剪口面与叶片保持平行，芽上方留 3～5mm 左右（图 3-8）。

图 3-8　剪取插穗

插穗剪取有四种方式,依次是 1 叶 1 节、1 叶 2 节、2 半叶 2 节、1 叶带侧枝(图 3-9)。当一个节间长度足够时,采用 1 叶 1 节的短穗;当一个节间长度不足时,采用 1 叶 2 节、2 半叶 2 节的短穗,但留 2 叶的应去部分叶片;当侧枝已萌发时,可将侧枝保留一个芽眼剪取。短穗最忌节间过短过长,当短于 2cm、长于 4cm 时都会影响扦插成活或增加扦插难度。同时,插穗长短也与土质有关,当苗圃土壤砂性大时,插穗应取穗长标准上限,而黏性大时,可取穗长标准下限。

图 3-9 不同规格插穗

四、扦插

扦插规格以行距 7～10cm、株距 2～3cm、叶片重叠不超过 20％为适度,每亩插穗 18 万～22 万枚,视叶片大小调节。一个熟练工每小时剪穗数量约为 0.75～1kg 或插穗量为 600～800 枚。每亩剪穗、扦插用工 70～80工,约占总用工量的 70％～80％。

插前先将畦面喷水湿润软化,待泥土不粘手时,用定制的行距板定位,然后逐株将穗斜插入土中,斜度以插后叶面与地面呈 30°角为宜,深度以叶柄触及泥为止,并随手用指压入穗部泥土(图 3-10)。

扦插应做到边插边浇足水,夏秋还应做到边插边遮荫,10 月中下旬后至春茶前扦插可直接采用覆膜加遮荫(图 3-11)。为减少扦插劳动强度,保证插穗新鲜度,夏秋高温季节扦插一般在上午 10 时前或下午 3 时后进行。

图 3-10　插穗方法

图 3-11　插后喷水

第四节　苗圃管理

苗圃管理水平左右着茶苗成活率和出圃率的高低。不同时期扦插的茶苗在不同生育阶段所涉及的各项生态生理要素有着不同的管理要求,应区别对待。

一、茶苗发育周期

短穗扦插育苗时,从插穗扦插到发育成符合标准要求的茶苗,可分两个阶段,一是形成完整植株前的插穗状态,二是完整植株发育成合格茶苗,其中第一阶段的茶苗成活率是育苗技术中至关重要的内容。夏插、早秋插因茶苗育苗周期长,生长量大,尤其是在第二年的生长中植株对养分、空间的争夺,往往导致大量弱势苗的产生甚至死亡。为提高育苗出圃率和茶苗质量,第二阶段在苗圃管理技术上往往又分为两个不同时期进行把握,一是在高 20cm 以下时,全面促发茶苗生长势的阶段;二是当苗高超过 20cm 后,实行控强苗、促弱苗的管理方法。

二、周期管理

不同时期扦插的茶苗所处的生态条件不同,苗圃管理方法差异较大。周期管理要点见表 3-5 所列。

三、要素管理

苗圃要素管理涉及水分、光照、温度、肥料、病虫草害防治、苗体调控等,不同时期扦插的茶苗要素管理各有侧重。由于要素之间是相互联系和相互制约的,因此在管理上应注重协调考虑。

(一)水分管理

1. 水分影响与管理重点

水分供给要适度。在育苗中,水分供应过量的情况往往多于供应不足的情况。水分供应过量,导致插穗或茶苗腐烂、落叶而死,这在微喷灌系统灌溉的苗圃中更容易产生(图 3-12);当水分供应不足时,未形成完整植株的插穗成活率会大幅降低,而完整植株的茶苗容易导致茶苗发育不旺,弱苗长势更加弱化,无法正常出圃。

表3-5　白化茶短穗扦插育苗周期管理模式

插期	要素	周年管理	1月	2月	3月	4月	5月	6月	7月	8月	9月	10月	11月	12月
春前插	光照													
	温度			覆膜保温										
	水分				畦沟水分控制	定期供水		不定期供水、排涝						
	营养				低浓度液肥				正常浓度液肥					
	病虫草				病虫害防治									
	其他											出圃		
梅插	光照							覆盖遮荫	覆盖遮荫					
	温度													
	水分							定期、不定期供水、排涝			不定期液肥			
	营养							定期低浓度液肥						
	病虫草							虫草害防治						
	其他											出圃		
夏插	光照	翌年覆盖遮荫						当年覆盖遮荫						
	温度	翌年覆膜保温												
	水分					翌年不定期供水			当年定期供水、排涝		翌年不定期供水			
	营养					翌年适量供肥			当年定期低浓度液肥					
	病虫草				翌年病虫草害防治				当年病、虫防治					
	其他													
秋插	光照	翌年覆盖遮荫									当年覆盖遮荫			
	温度	翌年覆膜保温												
	水分	翌年不定期供水									当年定期供水			
	营养					翌年适量供肥					当年低浓度液肥			
	病虫草	翌年病虫草害防治									当年虫、病防治			
	其他											翌年出圃		
冬插	光照	翌年覆盖遮荫											当年覆盖遮荫	
	温度	翌年覆膜保温											当年覆盖遮荫	
	水分	翌年不定期供水					翌年适量供肥						当年定期供水	
	营养													
	病虫草	翌年病虫草害防治												
	其他										去蕾、翌年出圃	去蕾、翌年出圃		

50

在育苗周期中，扦插后至茶苗第一次新梢生长发育结束的时期，是苗圃水分管理的最重要阶段，但深秋至春前扦插的苗圃在冬春覆膜期往往无需供水。而在各季节中，除扦插当季外，要特别注意的是春季揭膜后至春梢成熟前、夏秋高温期间等两个时间段的水分管理。

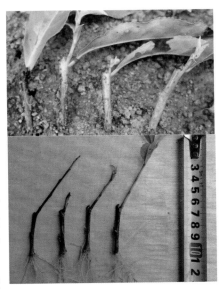

图 3-12　水分过量导致插穗和
茶苗地下部分腐烂

2. 水分调控方法

水分供给可分为喷雾、灌水两种方式；根据育苗阶段采取定期供水和不定期供水；在多雨季节，则要及时排涝防渍。

喷雾。梅插、夏插、秋插育苗在扦插后、冬春插苗圃在揭膜后至发根前，应定期喷雾灌溉，以保持土壤湿润、插穗叶片不失水为度，宁少不宜多，防止床面泾流。一般晴天时一天 1～2 次，阴天一天 1 次，雨天不喷。各类苗圃在发根后，掌握土面不干不浇水，逐渐过渡到不定期供水。

灌水。扦插后立即覆膜的晚秋插苗、冬插和春插后至揭膜前，或扦插苗已形成完整植株，遭遇持续晴天时，圃地出现干枯缺水而苗床墒情尚可，可通过畦沟灌水来提高圃地水分含量。但地段高低不平的苗圃，无法通过畦沟灌水来实现，这时应加大喷雾水量浇灌，浇灌时水量要足，做到一次性湿透苗床。

排涝防渍。主要在阴雨天持续时，及时排去畦沟地表水；对床面低陷区块，特别是因基质层黏性过大时，应控制水分供应。采取喷灌系统灌溉的苗圃应防止连续喷灌对茶苗造成水渍伤害。

(二)光照

1. 光照影响及管理重点

适宜扦插育苗的光照大约在 3 万～6 万 lx，即自然光照的 50% 左右。自然光照育苗，往往会造成茶苗大量死亡。高温季节育苗，一定要采取遮荫减光措施，防止光照过强；冬季和阴雨天则要防止遮荫过度。除扦插当季外，夏秋期间持续 35℃ 以上高温天气、扦插第二年春茶后气温骤升到 25℃ 以上的晴天，是遮荫的关键时期。

2. 光照调控方法

夏季扦插采用单层遮光率70％黑网或双层50％黑网遮荫,其他季节用单层50％黑网遮荫;10月后至翌年春茶初期覆膜后,上加50％单层网固定。采用平面棚架覆盖遮荫时,可采用距床面高70cm的低棚和1.6m左右高度的高棚。遮荫棚越高,遮荫效果越好,但采用平面棚架的,冬季保温需再搭拱棚,较为麻烦。

越冬苗圃在第二年茶苗春梢生长休止、并已生长到一定高度时,应揭去遮荫网。揭网时,如遇连续晴热天气,应采取"炼苗"办法,即揭半天、盖半天,持续一星期左右,防止茶苗产生叶面灼伤、嫩梢枯死或全株死亡等现象的发生。

(三)温度

1. 温度影响及管理重点

主要是冬春季节低于零度的冻害和夏季35℃以上高温管理。冬春季低温降到零下2℃时,苗床表层土壤会因结冰膨化变松,根周微生态产生重大变化,导致扦插苗根系或愈伤组织生理受阻或死亡;而初冬覆盖薄膜过早,棚温过高,往往会促发茶芽萌发,这些茶芽容易应随后出现的隆冬低温而受冻死亡,或应随后进入休眠期,无法进行正常生理活动,翌年生长明显受抑(图3-13)。夏季高温往往与水分、光照共同作用,构成对茶苗发育的影响。

图 3-13　低温受冻的萌展幼芽

2. 温度调控方法

实践证明,冬春间采用农膜覆盖可以有效地避免低温冻害,提高成活率;钢管大棚由于棚内容积大,因此抵御低温影响的作用要明显好于小拱棚。

夏秋插苗圃一般在气温降到冰点时开始覆膜,深秋和冬、春插的苗圃应随插随覆(膜);冬季气温可能达到零下5℃以下,钢管大棚里应及时加盖小拱棚覆膜。覆膜后加50％的遮荫网,还可防止棚内气温骤变、免去通风散热管理的麻烦。覆盖期间,遇气温较高时,一般开启拱棚两端或两侧,防止气温过高。

一般在气温稳定通过 10℃ 的 4 月中旬揭膜,揭膜后保留遮荫网至 5 月中下旬。

夏季高温调控主要通过水分和遮荫来调节。当年扦插苗,两者缺一不可;上年扦插苗,至夏秋时已有较强的抗旱抗高温能力,非持续干旱一般不用遮荫,但水分应予以保证。

(四)肥培

1. 肥培影响及管理重点

肥培水平对茶苗的影响显而易见,育苗周期越短,肥培越重要。8 月前扦插的茶苗,由于周期长、生长量大,在不采穗情况下,第二年春梢生长休止后就进行肥水控制,以免茶苗生长过盛,而冬、春、梅三季扦插茶苗,由于希望当年出圃,必须加强肥水供应,提高茶苗生长速度。

2. 肥培管理方法

梅插扦插一个月后、冬春插苗在揭膜后可结合浇水喷施 0.2%～0.5% 的磷酸二氢钾叶面肥,每周喷施一次,至新根长至 5cm 以上并形成第一次根群时或第一轮新梢休止起,改用 0.5%～1% 尿素或复合肥浇施,每月一次,直至新梢生长休止。

(五)病虫草害防治

1. 病虫草害影响及其重点

圃地虫害主要有假眼小绿叶蝉、叶螨类、黑刺粉虱等,病害有炭疽病、轮斑病、褐斑病、白绢丝病等以及生理障碍,草害有半夏、水花生、马唐、狗尾草等禾本科杂草。茶苗形成完整植株前防病最为重要,夏秋期间防虫、除草工作相对繁重。

2. 病虫草害防治方法

一般在秋后覆膜前应喷施多菌灵、托布津等药剂进行预防;其他时间病虫害防治基本原则是,不造成较大影响危害不进行施药;生理性障碍主要发生在扦插当年多湿条件下的死亡和第二年高温条件下的猝死、灼伤及生长受阻,应通过调节水分、光照等措施来控制。

除草是育苗中最繁重的管抚任务。苗圃杂草种类多、生长量大,防治须勤。单子叶植物可用稳杀得等选择性除草剂来除治;双子叶植物则需通过人工除草手段。茶苗幼小时,苗床中的杂草应尽量用剪刀剪除,避免手拔带起茶苗,畦沟中杂草可进行削除。

(六)其他管理

1. 去蕾

秋插采用带有大量花蕾的穗枝时,花蕾会优先发育,从而影响茶苗后续发育(图3-14右)。采用含蕾穗枝,除了在剪穗时摘除花蕾外,扦插后一个月内应及早剪去插穗的花蕾。

图3-14　花蕾抑制插穗发育

2. 控梢

夏秋插茶苗,由于经过第二年的一整年生长,茶苗生长量大,因争夺营养和空间,优势苗因生长量过大而株高、基部落叶,弱势苗因得不到营养供应而处于生长受抑状态,从而影响茶苗整体质量。因此,一般在春梢生长休止后的5月底至6月初,在苗高15～20cm时,离地15cm进行打顶,平衡茶苗质量,促发优势苗分枝,为弱势苗创造发育空间。一般地,采用这种调控方法,秋后茶苗多数分枝在2个以上,优质茶苗出圃率可达到80％以上(图3-15)。

图3-15　控梢(左)促使茶苗侧枝发育

四、起苗出圃

若苗圃干涸坚实，则应在起苗前一天对苗圃灌水，以土壤湿润松软为宜，然后排去积水。起苗时宜用锄头逐行开掘，避免直接手拔。然后逐株选取规格苗，以 100 株为一小捆绑扎，再将 5 或 10 小捆绑扎成大捆。

第四章 茶园建设

茶树是多年生经济作物,茶园建设关系到以后几十年茶园经营效益的好坏。低温敏感型白化茶的价值是建立在采收白化良好的鲜叶原料基础上,因此在建立茶园时,应尽量选择有利于白化表现的适生生态环境,创造满足和促进白化的茶园基础。

第一节 茶园条件

低温型白化茶的茶园条件既要有满足茶树生长的基本生态,更要具备理想白化表现所要求的条件,包括温度、光照、土壤、水分等自然要素,其中温度是决定性要素;在茶区布局时,还要兼顾质量安全、经济因子等条件和适合不同品种的最佳茶园树冠模式。

一、适生生态

(一)气候条件

主要是指适宜于白化表现和生长发育的气温区域。我国四大茶区中,低温型白化茶的适宜区域主要集中在江北茶区、西南茶区北部、江南茶区中北部,而扩展区域分布在西南茶区南部、江南茶区南部、华南茶区北部。就年活动积温而言,6000℃以上为不适宜区域,5500~6000℃为扩展区域,5500℃以下为适宜区域,其中年活动积温 4000℃以下,需进行保护越冬栽培。

年活动积温 6000℃以上区域,包括西南茶区的云南中部以南、华南茶区广西、广东中部以南、福建东南部及海南,为不适宜区域。

年活动积温 6000℃至 5500℃区域,包括西南茶区的云南北部、四川南部、贵州中南部、华南茶区广西、广东的北部、福建西北部及江南茶区的湖南、江西南部,春茶萌展期间气温在 20℃以上,1 芽 1 叶开采期在 2 月底至 3 月上旬,仅适宜于四明雪芽骨干系品种栽培。

年活动积温 5500℃ 至 4000℃ 区域,包括主要分布在西南茶区中部以北、江南茶区大部,春茶萌展期间气温在 20℃ 以下,1 芽 1 叶开采期在 3 月上旬至 4 月上中旬,随着积温的降低,该区域种植的各种白化茶品种(系)白化概率明显提高,白化表现明显,茶叶品质优秀,适合优质白化茶生产。

年活动积温 4000℃ 至 3500℃ 区域,包括主要分布在江北茶区、西南茶区北部和江南茶区北部的中高山区域,春茶萌展期间气温在 10~20℃,1 芽 1 叶开采期在 4 月中下旬,该区域种植的各种白化茶品种(系)白化概率高,白化表现极为充分,茶叶品质优异。但该区域极端气温在 −10℃ 以下,冬季遭受的冻害较为严重,因此,地形选择上尽量做到宜低不宜高、朝南不朝北。部分区域,如山东茶区在栽培上往往要采取越冬保护措施。

(二)土质条件

低温型白化茶白化对土质的敏感性仅次于温度,尤其是黏粉性强、氮肥供应量大的土壤,往往造成白化的减退或提前返绿。

1. 砂质土

山地砂质土是适合这类白化茶白化的理想土质。选择砂质土栽培白化茶时,要求 pH 值小于 6.5、土层深度 80cm 以上,同时具备较为充足的水源。栽培上应增加肥力供应,确保树势。

2. 壤质土

也是白化茶适生土壤,分红壤、黄壤和棕黄壤等类型。在这类土壤上 pH 值合理,有机质含量较高,总体上有利于白化茶栽培。在这类土壤上栽培时,应选择合理的肥料种类,尤其是成龄茶园要减少速效氮肥使用。

3. 粉黏土

分粉质土和黏质土,这类土颗粒细微、质地贫瘠、通透性差,容易板结,保水能力差,即使 pH 值合理,茶树生长发育也往往受到制约,而且白化表现不佳。因此,应尽量避免在这类土壤上种植白化茶。

(三)地形条件

茶园地形包括海拔、坡度和坡向,涉及光温水土条件和生产操作等,建立优质茶园时应充分考虑地形的合适性。

1. 海拔

选择原则是地理位置与光热条件相反,即在合适区域内,越向南方,应选择高海拔、低光热区域;越向北方,则选择低海拔区域,满足白化茶生长所需的光温条件。

2. 坡度

坡度 15°以下的缓坡山地是茶叶种植的理想地段；坡度 15°～25°的山地，应采取梯田茶园的方式；而 25°以上区域，根据国家有关法律规定，严禁种植茶树。

由于自然山体的复杂性，同一坡面往往出现旱涝不一的地质差异，泉眼周边山地、低洼地往往在多雨季节出现积水，影响茶树生长发育，并随树龄增大，情况趋于严重，最终导致茶树生育受阻或死亡。

3. 坡向

南方温热区域应尽量选择日照量少、气温相对较低的北坡茶园，北方、高山易冻区域则应选择东南坡向的温暖山地开辟茶园。

山谷地和山脊地是同一山体中立地条件差异极为明显的两种状况，不仅在于光热水条件的差异，也因长期自然演化，导致土壤质地改变。山谷地相对来说，温差较小，水分供应充足，土质深厚肥沃，适合茶树生长，尤其适宜于北方、高山易冻、干旱区域。

二、绿色安全生态条件

绿色安全生态是指符合无公害茶、绿色食品、有机茶等茶叶质量安全要求的茶区、茶园条件的通称，它实际上包括三个层面的含义，一是指该区域生产的茶叶符合人类健康要求的质量安全标准，二是指该区域具备茶树健康生长的环境条件，三是生产对环境造成的污染在可持续发展的范围内。

质量安全要求的内容包括农药残留、重金属、有害微生物等。这些物质有的来自大气、土壤、水质等生态环境，有的来自施肥、植保、采摘、加工、贮藏、运销等生产过程，来源复杂，涉及面广，动态性强，因此在茶园选址、种植管理、加工贮运等过程中，既要避免可预见因素，也要考虑不可预见因素的影响。

根据农业部颁布的《无公害食品 茶叶》、《无公害食品 茶叶产地环境条件》等标准，无公害茶产地除能满足优质高效和可持续发展等生态要求外，同时应选择在远离污染源、环境相对独立、且对可能造成的污染容易控制的区域种植。茶园及其周围一定范围内的土壤、水质、大气必须符合以下技术指标。

1. 土壤质量要求

土壤中所含的镉、汞、砷、铅、铬、铜元素能通过根系吸附进入到茶树体内，超过一定标准时，影响茶叶质量（表4-1）。

表 4-1　无公害茶园环境土壤质量标准

项　目	阈　值	备　注
pH 值	4.0～6.5	重金属和砷均按元素总量计,适用于阳离子交换量>5cmol(+)/kg 的土壤,若≤5cmol(+)/kg,其标准值为表内数值的半数。
镉　mg/kg	≤0.3	
汞　mg/kg	≤0.3	
砷　mg/kg	≤40	
铅　mg/kg	≤250	
铬　mg/kg	≤150	
铜　mg/kg	≤150	

2. 灌溉水质要求

水中所含有害金属元素和化合物,同样对茶叶质量造成不可忽视的影响(表 4-2)。

表 4-2　无公害茶园环境灌溉水质标准

项　目	阈　值
pH 值	5.5～7.5
总镉　mg/L	≤0.005
总汞　mg/L	≤0.001
总砷　mg/L	≤0.1
总铅　mg/L	≤0.1
铬(六价)　mg/L	≤0.1
氰化物　mg/L	≤0.5
氯化物　mg/L	≤250
氟化物　mg/	≤2.0
石油类　mg/L	≤10

3. 空气质量要求

大气中所含的总悬浮颗粒物、SO_2、NO_2 和氟化物直接影响鲜叶的清洁卫生程度,间接地影响茶树生育,或通过复杂的生化、物理过程使茶叶内含物发生不利的变化。无公害菜园环境的空气质量标准见表 4-3。

表 4-3　无公害茶园环境空气质量标准

项　　目		日平均浓度	时平均浓度
总悬浮颗粒物(标准状态)　 mg/m³		≤0.30	—
二氧化硫(标准状态)　 mg/m³		≤0.15	0.50
二氧化氮(标准状态)　 mg/m³		≤0.10	0.15
氟化物(F)(标准状态)	μg/m³	≤7	20
	μg/(dm³ · d)	≤1.8	—

三、茶园布局与茶园模式

从丛式茶园到条栽茶园,再到密植茶园,进而发展到适合机采而确立的茶园模式,茶树栽培技术总是处在不断进步和发展之中。名优茶热和良种热相继兴起后,又诞生了一种优质高效茶园新模式——立体采摘茶园,现代栽培学上的许多技术方法随之被修正。白化茶栽培实践证明,适当改变现代茶园布局及茶园模式的技术方法,更有利于栽培效益的发挥。

(一)茶园布局方式

主要有标准行和窄行两种布局方式。茶苗种植又有双小行和单行种植两种方式。在实际生产中,往往会出现介于两种行式之间的布局方式和种植密度;而随着茶园耕作机械的应用,行距过窄会导致不能适应机械耕作的要求。

1. 标准行布局

标准行布局是现代茶园普遍采用的布局方式,即大行距宽 150cm,长30～40m;大行内采用小双行双株种植,小行距 30～40cm、穴距 25～30cm,理论上亩种植茶苗 5500 株;单行双株时,穴距 20～25cm,亩种植茶苗 4000株。这一布局主要适用于树势发育旺盛的白化茶品种,如四明雪芽、千年雪等,可使茶园三年后达到覆盖率 75%～85% 的高产树冠形态,适合机采作业,并能满足较长时期内稳定高产水平所需的生长空间。但对于树体矮小、树势偏弱的白化茶就显得浪费土地资源。

2. 窄行布局

窄行布局指为适应白叶 1 号等树体矮小品种采取的缩小行距、增加密植程度的茶园布局方式。从实践经验来看,即大行距宽 110～120cm;大行内采用小双行双株种植,小行距 30cm、穴距 25～30cm,亩种植茶苗 7000 株左右;单行双株时,穴距 20～25cm,亩种植茶苗 5500 株。因无须采用机采作业,茶行长度不作严格规定,只根据其他农艺措施的适宜程度而定。采用窄行布局的白叶1号茶园一般在第三年可以达到覆盖率在80％的水平，短期内土地、光能等自然经济资源利用率可提高20％，但种苗成本投入则有所增加。

(二)茶园树冠模式

主要有平面采摘茶园和立体采摘茶园两种树冠模式。

1. 平面采摘茶园

指以标准行布局，树冠水平向具有一定幅度和分枝密度、以多级分枝为生产枝、实行多季采收和高产为目标、鲜叶采摘趋向于树冠表面进行并能适合机械化采摘的茶园模式。主要树冠技术指标构成见表4-4。

表4-4　平面采摘茶园的主要技术指标

茶园状况	树高 (cm)	树幅 (％)	分枝密度 (个/尺²)	分枝粗度 (mm)	绿叶层深度 (cm)	叶面积指数	产量水平 (kg/亩)
低龄茶园	35～40	30	30～40	3～4	25～20	1.5	25
高产茶园	80～120	＞80	250～350	1.5～2.5	12～8	3～4	＞250
衰败茶园	80～120	＞80	＞350	＜2	＜8	＜3.5	—

注：树幅按行距150cm计算百分率；产量水平依据大宗茶计算；衰败茶园指高产茶园产出水平出现持续下降的茶园。

平面采摘茶园主要特点是：先实行树冠培育，初步形成树冠骨架后进行开采，实行全年开采和多茶类组合采制，适应机械化采茶与修剪；新茶园建设投资周期长，产量优势突出，但不同条件、管理水平和采摘目标，产量水平差异很大。大宗茶最高亩产可达500kg以上，而全年采摘名优茶时，产量水平比大宗茶下降3/4～4/5。

2. 立体采摘茶园

指树冠竖直向具有一定采摘深度、水平向具有一定幅度和分枝密度、以同级分枝为主要生产枝、采摘春名优茶原料为主要目标的茶园模式。主要技术指标构成如下：定型后茶园冠层合理指标变幅为分枝密度20～50个/尺²，分枝有效萌芽长度55～10cm，粗度为3～8mm，叶面积指数在3～4.5之间；生产枝层着叶数量300～500片/尺²，有效萌芽率为着叶数的50％～30％（一年生为50％～70％）。产量水平不仅决定于水平向的分枝密度和覆盖率，还在于有效萌芽层（生产枝层）的有效萌芽量（表4-5）。

表 4-5 立体采摘茶园冠面指标

分枝基粗 (mm)	分枝密度 (个/尺²)	叶面积指数	分枝深度			有效层萌芽部位		春名优茶产量水平 (kg/亩)
			树高 (mm)	绿叶层 (cm)	有效层 (cm)	着叶数 (个/尺²)	有效率 (%)	
3～7	20～10	0.75～1.0	35～45	30～40	15～25	60～120	70～50	1～4
4～8	25～15	1.5～2.5	75～85	65～70	40～55	250～350	60～40	5～10
3～5	40～20	3.5～4.5	80～90	55～65	25～40	300～450	50～30	10～20
2.5～4	50～30	4.0～5.0	75～95	35～45	15～25	400～500	40～30	15～25

注:表中前两栏分枝密度按每丛计算,适用于一、二足龄新建茶园或台刈茶园。

立体采摘茶园主要特点是:按照季节生长周期进行茶树树冠培养,实行树冠培育与采收交替进行;具有投产快、高效快、茶芽质量优、春茶萌发相对集中等优点,同时采摘季节较短,抗倒春寒能力强。

第二节 垦建技术

茶树是多年生常绿经济作物,建立新茶园时,必须综合考虑市场、经营和生态等因素,从选址、选种、规划设计到开垦种植进行科学系统论证,力求高起点、高要求、高效益。

一、园地选择

1. 地理因素

新建茶园建立在适宜茶树生长的生态前提下,应同时选择交通便利、劳动力充裕的村落附近,以确保生产能及时开展,不误农时,抢夺产品上市有利时机,并能最大限度地降低生产成本。

2. 地形因素

主要考虑品种对山地海拔高度、坡向、坡度等的适应能力。茶园一般选择坡度在 15°以下的山区平地或缓坡地,15°～25°的山地要建立等高梯坡地,25°以上山地严格禁止发展茶园。

3. 土壤因素

宜选择红黄壤土类的壤土或砂质壤土,山区水稻田或旱作地具有水源充足、土质良好的优点,是白化茶园的理想选择。

4. 生态安全因素

主要考虑环境是否有不利于绿色生态和质量安全的污染源，是否混栽大量使用农药的作物或易感病植物，如桃、柑桔、蔬菜等。

二、清山去杂

分垦前清山和初垦后清园。

垦前清山，要求清理柴草、树木或前作的地上部分，先采集有价值的树材，后清除无用的柴草。为防止森林火灾的发生，禁止直接放火烧荒。垦前清山也是为园区规划布局提供清楚地貌形态的必要步骤。

初垦后清园，要在全面清理出石块和树草杂根的同时，要留足砌坎备用物。坡度15°以下的山地，可将蔓延性弱的树桩、草块清理到合适位置，砌成小坎，建成宽幅斜坡，减缓坡度；坡度15°以上的山地，则用石块砌坎。

三、园区规划

园区规划的概念性方案应在计划落实阶段提出、清山前确定，而勘划布局方案应在初垦前确定较为科学。园区勘划布局主要考虑道路、排灌、防护林、园区内茶行走向等内容。

1. 道路

分干道、支道和园道。

干道为连接茶园与公路的道路，有效路面宽不小于4m。设置干道应同时考虑路旁植树与排灌沟渠。

支道是连接干道的园内运输通道，有效路面宽不小于2.5m。支道旁可同时考虑路旁植树与排灌沟渠。

园道为生产用的操作道，亦称地头道，宽2m左右，一般设立在山脊线、山谷线及茶行纵横的分隔线。

2. 排灌沟渠

茶园排灌系统要求有拦截和分流地表泾流水、排泄地下积水和泉水、利于灌溉和蓄水抗旱的功能，达到减少雨水冲刷、保持表土、防止积水、优化园土、方便灌溉、蓄水抗旱等目的。一般应设拦截沟、分流沟、蓄水沟。

拦截沟分横向水平沟和园周隔离沟两种。在坡地茶园中，前者主要是防止雨水等地表水直漫、冲断茶行，减少园土流失；后者同时具有防止园周植物根系侵入茶园的作用。园周隔离沟宜深而宽，园内横水沟可结合道路设置。一般要求每隔10～14行茶行设一横水沟，沟深20cm、沟宽30cm以上。山区台地、梯田茶园的横向水平沟主要是园地内侧的排水沟，着重防止地下水过高而影响茶树根系生长。水沟深度至少30cm以上。

分流沟为纵向水沟,一般设在山谷处或低谷处(图4-1),与拦截沟相连,沟深于横沟。在坡度较大的山地,分流沟宜采取"S"型或阶梯式,以减缓水流速度。

不管是拦截沟还是分流沟,每隔3～5m设一积水坑,以沉积泥沙、缓冲水势。

如条件许可,山地茶园中多建水池,对日后茶园灌溉会起到事半功倍的作用。在水沟汇集处,每20～30亩茶园建一个蓄水池。

图4-1　茶园纵向水沟设置示意图

3. 防护林

根据所处园地环境和茶园类型不同,防护林按功用分防寒、防灼、防风、防尘等。高山风急易冻地段,茶园防护林重点是防寒、防风,以利抗冻;茶行中适当种植树木,可起到良好的防灼作用;公路两旁的茶园周围设置防护林主要是起防尘防污等隔离作用。

防护林种植在茶园四周隔离沟外、茶园山脊线、山谷线、茶园干道、干渠两侧、支道单侧,也可视情况在地头道和行间种植(图4-2)。高山、公路两侧的茶园四周一般种植2～4行,特别容易受冻的高山迎风面防护林分隔宽度在20～30m,不会严重受冻的低山地段或美化目的的防护林可适当降低

图4-2　茶园防护林

64

种植密度,种植 1～2 行即可。树种选择应慎重,要选择防护效果明显并能兼顾经济效益的树种,园周和干道干渠用树以常绿乔木为主,支道和园内树种应酌情而定,但不宜采用病虫害多发树种和宽幅树种(表 4-6)。

表 4-6 浙江茶区茶园适宜种植的防护林

树种	生态类型	适应范围	主要优缺点	种植方式
日本扁柏	窄幅常绿乔木	高山除行间	分枝紧密	园周密植
柏树	窄幅常绿乔木	高山除行间	分枝紧密	园周密植
乐昌含笑	中幅常绿小乔木	高山除行间	分枝紧密	园周密植
苦丁茶	中幅常绿小乔木	高山除行间	兼采苦丁茶	园周密植
桂花	中幅常绿乔木	低山干支道	兼采桂花	稀植
银杏	中幅落叶乔木	茶园四周	兼采白果	稀植
柿树	宽幅落叶乔木	茶园四周	兼采柿子	稀植
檫树	中幅落叶乔木	除行间	兼用材	稀植
红枫	中幅落叶小乔木	幼龄茶园行间	兼作花木	隔多行稀植
樱花	中幅落叶小乔木	幼龄茶园行间	兼作花木	隔多行稀植
杉树	窄幅常绿乔木	低山茶园四周	兼用材	园周密植
樟树	巨幅常绿乔木	远离茶园四周	冠幅过大	园周密植
板栗	中幅落叶乔木	四周、干支道	兼采果实	稀植

4. 茶行设置

茶行设置分标准茶行和窄行两种。平地茶园的茶行设置比较简单,而坡地茶园要根据不同坡度进行适当调整。梯面宽度的计算公式如下:

梯面水平宽(m)＝种植行数×行距(m)＋0.6(m)

坡地茶园在茶行勘划时,应首先勘定等高基准线,按基准线结合园区道路、沟渠等设置进行分片、分区、分段划定茶行,这样才能做到科学合理。不同坡度梯面宽度参考表 4-7。

表 4-7 不同坡度梯面宽度参考表

茶园坡度	梯面宽度(m)	标准行数	窄行数
<5°	10～20	6～13	8～16
5°～10°	7～13	4～8	5～11
11°～15°	5～7	3～4	4～6
16°～20°	3～5	2～3	2～4
21°～25°	2～3	1～2	1～2

四、园地开垦

垦园包括初垦、筑坎、复垦等工作。筑坎应在初垦后、复垦前进行,适用于山区梯田茶园;荒山或老茶园、老果园一般分初垦和复垦两次进行,而旱作熟地只需在清除残作后初垦一次即可。

1. 初垦

若山地坡度较缓,可由下至上进行全垦;若坡面较陡,则应根据等高线走向从基准线开始,由下至上逐层逐行进行带状开垦。初垦深度要求 40cm以上,开垦时清理树桩、草根、石块到土面,留足砌坎的备用物后清出园外。击土不必过碎,而清杂务求完全。

采用机械化挖垦是茶园建设的可行之举,能起到提高效率、缩短时间、缓解劳力紧张矛盾等作用,在地面复杂的山地采用机械挖垦更显效果。机械挖垦作业前一定要科学规划,力争做到挖土、掘沟、建路、平整等一次完成。在平整土地或挖掘梯地时,应做到表土留面、心土填缺。

2. 砌坎

砌坎或称筑梯,分三种类型,一是石坎梯地(图 4-3),适用于坡陡、水土流失严重的地段;二是树桩、草块、石块混堆,适用于坡面较缓的多行宽幅非水平梯地;三是将成块草皮层层覆于坎外侧,形成简易泥梯,补充带状垦植中坡地损缺地段,这适用于土壤黏性重、持土能力强的草皮(如狗牙根)丰富地区。

图 4-3 石坎梯田茶园

3. 复垦

深度一般掌握在 30cm 上下,复垦往往同时进行茶行布置、行沟整理(指施用有机肥为底肥时)等,坡地茶园应在茶园砌坎筑梯后进行。

五、茶苗种植

种植质量的好坏,直接关系到茶苗成活率和成园快慢。种植上要着重把握以下几个环节:

(一)种植时间

白化茶苗全部是无性系茶苗,种植时间与成活率紧密相关。一般分秋栽(10—11月下旬)和春栽(2—3月上旬)。这两个时期究竟哪一个更好,取决于当地地域气候和年间气候。地域气候关注重点是当地极端气温,年活动积温在4500℃以下、最低温度在-5℃以下地段不适宜在冬前栽种;年间气候要看天行事,把握干冬湿春时宜春栽,湿冬旱春时宜秋栽。秋季种植越早越好,9月初种植,栽后茶苗可继续生长,尤其是对根系发育有利,可以大幅度提高成活率和翌年长势;春季栽种则要尽量提前,不宜过迟,避免栽后干旱,导致种植失败。

(二)选择品种

要依据生态条件和茶业经营思路确定白化茶品种,大面积发展时还要注意品种的搭配。品种搭配既指一个茶场的品种选配,也指一个区域的品种布局,必须坚持适栽适制、效益优先、突出主栽和合理搭配的原则选择适宜品种。

(三)垄畦方式

茶行除前述的按行宽分标准行、窄行等种植密度外,还应根据茶园地形,采取不同行面方式,行面按高低不同分为三种垄畦(图 4-4)。

1. 凹行

凹行适用于斜坡茶园。开挖种植沟时,种植沟内挖出的土多数堆积于沟下侧、少数上翻;茶苗种植时,上侧土回填入沟覆土压实,下侧土堆积不动并用脚踏结实,茶苗种植沟低于外侧斜坡行面不少于5cm,这种方式可减少新茶园水土流失,提高当年茶苗抗旱效果和成活率(图 4-5)。

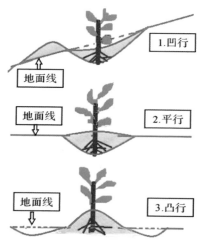

| 图 4-4　茶行垄畦方式 | 图 4-5　凹行茶苗种植方式 |

2. 平行

平行适用于水土流失不严重、园地积水不易的平缓坡或梯田茶园。在种植时直接开沟种植，覆土与园地土面持平或略高，在以后茶园管理中，两行中间开沟取土，覆于茶树两侧，逐渐形成高出土面的茶行。

3. 凸行

茶苗种植后茶行高于原土面。凸行适用于容易形成积水的山区台地或平原地段。种植前应先切出行沟，堆土于茶行中，然后再起沟种苗；种植后茶园种植沟外侧土应高出穴面 10cm。

(四)沟施底肥

按上述三种种植垄畦模式，施用有机肥为底肥的，复垦时应进行挖沟、施肥，沟深 30cm 以上，底宽 20cm 以上，亩施入 1500kg 畜栏肥和 100kg 过磷酸钙或复合肥，施后覆土 10cm 以上，两侧多余的土待种植时处理；施用未腐熟畜栏肥，应在种植一个月前完成。不施底肥的种植沟深 20cm 以上，随挖随种，确保种植沟内土壤水分的充足。挖沟种植有利于提高种后茶苗成活率，除了少数水源充足地段可挖穴种植外，一般都应采取挖沟种植。

(五)种植茶苗

挖好种植沟后，先应将茶苗按种植密度依次排放于穴中，然后依次用坡上侧或两侧土逐株填土，扶正茶苗，再填土，用力夯实根周土（图 4-6）。种植时，茶苗入土深度不少于 10cm，这样才能确保干旱季节多留住水分。

图 4-6　踏实茶苗根周土壤

(六)种后护苗

有条件的地段提倡行面覆草,每亩用稻草 500～750kg,用泥土在根间压住(图 4-7)。茶苗种植后立即进行首次定剪,离根周土面 10cm,留 2～3 个健壮芽位剪去主枝,定剪宜低不宜高。

图 4-7　茶苗种植后覆草保墒

第三节　成园技术

成园技术是指幼龄期茶园管理技术。在茶苗种植后两年时间里，最大限度地提高茶苗成活率和发育程度，及早促成树冠，奠定优质高产高效茶园基础，同时最大限度地挖掘幼龄期效益潜力。在茶树栽培技术发展过程中，成园技术因茶树品种和栽培目标不同而有所差异。

一、成园技术理论与周期

成园技术的理论基础是季周期茶树栽培技术，即在现代茶树栽培学理论基础上，借鉴全息生物学原理、茶树群体协调与营养平衡理论，以季节生长周期替代年生长周期为技术基础，以立体或平面采摘两种茶园模式为目标而创新建立的茶树栽培技术体系，能有效提高茶树生物产量，并实现向经济产量的及时转化，即合理地解决了树冠培育与提前开采的矛盾，对于优化树势、加快树冠育成、提早开采和实现高效具有显著成效。

季周期茶树栽培技术体系在宁波茶区大面积白化茶栽培的基本成效是：一年种、二年采、三年高效，种植第三年收回投资，并同步实现初步成园。成园周期可比现行栽培学要求的时间大大缩短，即使是白叶1号那样的弱势树种也同样适用。根据生产记录，种植第二年春的白化茶亩产最高达3kg，五年生成龄园亩产则高达20kg，成效极为显著。

二、树势优促技术

新种白化茶园的树势优促技术主要是确保茶苗成活率和提高树势发育水平。种植当年树势的理想指标是：茶园成活率在90％以上，9月末树高在40cm以上，离地20cm位主梢基粗不低于3mm，分枝4、5个以上，单丛着叶数不少于60片。

（一）抗逆保苗

保苗成活是白化茶苗种植当年的首要工作，要求新茶园当年秋后茶苗成活率在90％以上。关键是要做好"三旱一冻"的防护，即冬春旱、春旱、夏秋旱和冬季冻害的抗旱抗寒工作。

1. 冬春旱

冬春旱指冬春期间对种植后生理活动尚处于休眠状态的茶苗造成生理

胁迫的旱情,危害对象主要是秋栽茶苗。原理是茶苗根系创伤尚未痊愈、新生根系尚未形成,植株水分来源主要依赖根周土壤水分的渗透压差和根系的部分吸附来获得,因此植株的生命能力特别脆弱,当根周土壤持水量下降到一定程度时,即造成茶苗的生理胁迫甚至枯萎死亡。

2. 春旱

春旱发生在春茶萌展生长后至第一轮生长休止。这个阶段是茶苗新生根系和枝叶已经产生,但未充分成熟,植株生存能力仍然十分脆弱。遇持续高温干旱时,植株水分蒸腾量急剧上升,而根系对水分吸收量下降,导致水分供求失衡;同时由于白化茶幼嫩叶片叶绿素含量少、防灼能力差,因此轻者出现叶片枯落,重者全株死亡。因此,这个时期成活的茶苗似处于一种"假活"状态。

3. 夏秋旱

对茶苗的生理影响主要是持续高温干旱。由于茶苗根群入土较浅,发育水平和抗逆能力仍然很低,在灼热严酷的条件下,土壤水分蒸发迅速,而植株由于自身蒸腾量大,植株吸收水分有限,水分得不到及时补偿,造成正常生理受抑、失水、枯萎、死亡等生存灾难。

4. 冻害

秋冬种植或经过一年生长的茶苗容易遭受冬季严寒的侵袭。一般地,白化茶成龄茶树能在-10℃严寒条件下安全越冬,但二龄前幼树在-5℃时可能出现枯萎死亡现象(图4-8)。其受冻类型主要有:低温伴随的燥风侵

图4-8 低温冻害致死的茶树

71

袭和冬旱,导致新种茶苗或幼苗地上枝叶脱水枯死;低温冰冻导致根茎部皮层冻裂而死亡。

抗旱途径有灌溉、覆草、加土、削草、遮荫等。干旱时及时灌溉供水是最有效简便的办法;其次行之有效的抗旱方法是,在茶苗种植时或旱季来临前,先进行覆草、谷壳、秸秆等,然后再覆土,或将成块草皮反面覆于行中;高温干旱前根据土壤条件和前期茶园状况进行除草松土,草害较轻、土壤保水性能较好的茶园可在干旱前浅耕松土;夏季干旱前茶行中插上活松枝、芒萁等不易干枯的植株或使用遮荫网,对于白化茶苗越夏显得尤为重要。

抗冻最有效的办法是采用覆膜保温,年活动积温4000℃以下区域显得尤为重要;容易遭遇冬季严寒区域应尽量避免秋冬季种植茶苗;幼龄茶园在严冬来临前结合基肥、深翻进行根部培土,有条件的地方可进行秸秆、杂草覆盖等保暖。

(二)增肥促势

增肥促势是种植第一、二年茶园管理的重要工作。

种植当年施肥要多次适时适量,以速效化肥为主,主要方法有两种。

一是"三追一基"。在5月初、6月下旬和9月上旬前各施一次追肥,分别亩施5kg、10kg、10kg尿素或复合肥,方法是离根部20cm外区域沟施,宜远不宜近,施后覆土;当年秋后施基肥,亩施100kg饼肥和10~20kg复合肥混合沟施。

二是"多液一基"。水源充足地段茶园在5—9月每月各施一次1%~1.5%尿素或复合肥,亩施液300kg左右;种植当年秋后应施基肥,亩用量为不少于100kg饼肥和10~20kg复合肥。

种植第二年春前不再施肥,春后整形修剪后至9月上旬前根据树势和气候情况追施2~3次速效肥,施肥量为每亩20kg复合肥;秋后茶树基本成园,基肥以有机肥为主。

(三)优化生态

种植当年,造成茶苗大批毁灭性生命威胁的除了受高温、干旱、冻害等生态灾难影响外,还有田间杂草和病虫害。

对于白化茶苗来说,荒山新垦茶园当年怕灼、熟地改种茶园怕杂。水源充足的地段,当年往往要除草六七次以上,才能使茶苗不会受到杂草的侵害。草害造成茶苗死亡的季节主要是6—9月间,杂草旺盛的长势,与茶苗争夺水分、光照、空气和养分,当杂草对茶苗生存的空间造成郁闭、覆盖时,就会剥夺茶苗的生命,这是必须及早除去茶园杂草的理由。

种植一、二年生茶园由于茶树覆盖率不高,病虫寄生及其重度危害的机率不高,但个别病虫可造成茶苗的局部毁灭,如地老虎等危害茶枝梢的害虫,可造成茶苗直接死亡;老茶园改植茶园容易发生白绢丝病,导致茶树死亡。因此要定期对茶园进行检查,及时采取措施。

三、树冠优控技术

树势发育与优化控制技术是白化茶树冠形成、成园过程中十分重要的技术内容。重点技术要求是:强势多控促发,弱势多蓄促梢,促进树冠快速发育。

(一)种植当年生长季节

按照季周期栽培技术体系的树冠培养技术,新建茶园在种植当年根据树势发育态势分三种情况:8月初树高在30cm以上时,离地20cm逐株剪去主梢;20～30cm时,离地20cm逐株打顶去除顶芽;不足20cm时,当年留梢不剪。但白叶1号在当年还是只蓄不控为好。

(二)种植当年秋后至第二年春季

种植当年经过树冠优控的白化茶秋后树冠分枝增加,一般树高在40cm以上,分枝在4、5个以上,单丛着叶数不少于60片,基本形成小行、株间枝叶相连。它与常规技术的白化茶园秋末定剪前比较,无优势枝和弱势枝互生的零乱;与常规技术的白化茶园秋末定剪后比较,则树冠枝梢层深厚,叶面积指数大,翌春开采效益好。

种植当年秋后不再进行修剪,翌春则进行开采。离地25cm以上留鱼叶,25cm以下留而不采;壮株适度采、弱株留而不采,避免过度强采,影响树冠形成。

春茶采摘结束,应及早进行树冠整枝修剪,这是季周期技术中新茶园定型修剪技术的重要一步,一般离地25cm位进行平剪即可。

(三)种植第二年春剪后

经过春后剪的茶园要在当年根据茶园模式目标完成树冠培养,即按照不同白化茶品种适合的平面采摘茶园或立体采摘茶园模式进行树冠培养。

平面采摘茶园在7月上旬离地35～40cm用修剪机平弧剪,8月初第四轮茶留一叶开采。到秋后可基本形成平面茶园树冠,树高一般在45～55cm,树冠覆盖率在50%左右,分枝密度50～60个/尺^2。但平面采摘茶园不适用于白叶1号等植株矮小、生长势孱弱的白化茶。

立体采摘茶园在7月上旬至8月初间对突出枝再提高15cm左右逐株剪梢,去强扶弱。秋后树高一般在60cm以上,茶园覆盖率在60%以上,分枝为 20～30 个,枝梢长度 25～35cm。但白叶 1 号一般当年任其生长,不再进行修剪控梢,秋后树冠基本可覆满小行间,树高 50cm 左右,茶园覆盖率在 50% 以上,分枝为 20 个上下,枝梢长度 15～25cm。经过生长季节控梢、蓄梢的茶园,同样要等到下一年春茶采摘结束后才进行不同类型的修剪(图 4-9)。

图 4-9　立体采摘茶园树冠形态

第五章　茶园管理

季周期栽培技术理论认为，茶树生长发育既受到不同生育阶段的年周期规律支配，也受年内各季节生长周期规律的制约。因此，白化茶园管理的各项农艺措施，是以年周期为界、依据季节生长周期而展开，常规管理内容包括树冠修剪与培育、土壤耕作与施肥、病虫草防治、生理保护等农艺措施。

第一节　树冠管理

茶园优质高产的实现和持续实质上是以树冠不断优化为基础的技术过程。白化茶树冠管理主要通过蓄梢与修剪、采摘与留养等两对技术的合理运用，实现地上部生长与地下部生育、现在势与潜在势、新梢萌展数量与质量的优化平衡，形成良好树冠及其树势。

一、树冠发育特征

茶树树冠由基干枝、骨干枝、生产枝等组成；生产枝层长度和密度的组成不同，形成平面采摘茶园树冠与立体采摘茶园树冠的区别，也决定茶园产出水平与芽叶质量的差别。

（一）新梢发育特征

在栽培条件下，茶树一年能萌发 4～5 轮新梢。茶树新梢发育有着顶端优势、同步萌展性、阶段性、生长轮性、生理梯度等生物学特性。

平面采摘茶园，由于新梢萌发一批，即被采去一批，新梢的生育状况，实际上仅仅表现出芽叶质量、数量状况和持续萌发能力；随着树龄的增加，树冠的水平向分枝密度越来越大，垂直向分枝长度越来越短、节间越来越少，茶芽萌发位置集中在各个分枝的顶端，实质上表现为顶端优势的平均化。

立体采摘茶园，除春梢被采摘外，二轮至末轮新梢一直处于持续蓄养状态，在四、五轮新梢萌展或翌春新梢萌展时，总体上保持顶端优势的同时，会产生"同步萌展"现象，侧芽最终形成下级分枝，呈不对称羽状排列，新梢发

75

育状况较为复杂。

1. 越冬枝萌展

翌春新梢萌展时,基粗 4mm 以上的枝梢同步萌展机率(主梢上发生次级侧枝分枝的枝梢占同粗度范围的枝梢总数的百分率)接近百分之百,萌展指数(一个生产枝上与顶芽保持同步萌展的侧芽数占总侧芽数的比值)高达0.7。当枝梢粗度小、分枝密度大时,下部枝梢往往不能萌展新梢。

无侧枝时,同一枝梢上各部位芽的萌展次序依次是顶芽、呈褐化成熟的中上段枝条、中下段成熟枝、绿枝段芽、基部芽。萌展初期,顶芽、呈褐化成熟的中上段枝侧芽保持同级萌展值,中下段成熟枝和绿枝段芽、基部芽分别保持低一级萌展值。随着萌展生长过程进展,顶端优势表现逐渐明显,上端茶芽的生长对下端茶芽生长存在明显的抑制现象。到春茶新梢成熟时,呈现出羽状排列的分枝特征。

有侧枝存在的枝梢,侧枝顶芽一般与侧枝分枝部位以上的主枝段芽位同步萌展,但侧枝的侧芽萌展往往很迟;当侧枝粗度在 2.5mm 以下时,侧芽萌展率很低,且芽叶瘦小,不适合优质名茶生产。

2. 当年枝下轮梢萌展

多发生在 7 月底 8 月初的四轮新梢和 8 月底 9 月初的五轮新梢萌展时,同步萌展部位往往产生在当年主梢第二、三轮间和第三、四轮间,新梢同步萌展的机率和指数与枝梢粗度成正比。当年一级新梢基粗 4mm 以下时,侧枝同步萌展机率 16.6%、萌展指数 0.09;基粗 4~8mm 时,侧枝同步萌展机率上升到 62%,萌展指数 0.27;基粗 8mm 以上时,同步侧枝萌展机率高达 96%,萌展指数为 0.3。

受夏秋高温干旱、病虫害等外界因素影响,这两轮梢萌发时,主梢往往会产生"失顶端优势"现象,侧芽发育态势从萌展起即超过顶芽,最终也形成不对称羽状排列,侧枝粗度往往在 2.5mm 以下。

(二)树冠形成特征

平面采摘茶园和立体采摘茶园的两种树冠模式,实质上是树冠层分枝长度和密度的相互演变。

1. 树冠垂直构成特征

一是骨架构造。立体采摘茶园的生产枝以下部位分枝呈梯度分布,生产枝则呈规律性直立分布、长度大、均为同级分枝。而平面茶园各级分枝均呈梯度下降,生产枝由一个级以上的分枝组成,长度短。

二是叶层构成。立体采摘茶园的绿叶层深度大,4龄以下茶园绿叶层深度达 50～70cm，与无叶层深度之比在 1∶1 以上；5 龄以上茶园绿叶层深度 40～20cm，与无叶层深度之比在 1∶5 以上；平面茶园随树龄增长，无叶层逐渐增加、绿叶层变浅，两者之比约为 1∶5 至 1∶20 甚至更高，绿叶层深度在 18～6cm。

三是阶段发育年龄。立体茶园因每年更新，一般维持在 10 龄以下，生长势强；平面茶园阶段发育年龄可在 15 龄以上，生长势显弱。

2. 树冠水平分布趋势

一是立体茶园因蓄枝育冠，种植当年秋末茶园覆盖率可达 50%，第二年在 80% 以上，第三年达到 100%，速度明显快于平面茶园。

二是立体茶园分枝密度增加慢，密度小，最高约为 60 个/尺^2，远低于成龄平面茶园。

三是立体茶园叶面积指数增幅明显高于平面茶园，第三年即可达 4.5 以上。

3. 树冠演变规律

茶园分枝长度（绿叶层深度）与分枝密度总是呈反比关系。立体茶园要求生产枝具有一定的长度、粗度，从而使分枝密度控制在较低的水平上。当分枝密度不断增加时，分枝长度就出现自然下降趋势，最终演替成平面茶园的树冠形态。图 5-1 是从不同分枝密度的茶园绿叶层、无效萌芽层（即绿叶层下部不萌芽部分）深度变化曲线，两者之间的距离为有效萌芽层（采摘层）深度。从图中可以看出，当分枝密度达到 80 个/尺^2 时，该茶园的无效萌芽层绝对深度不再呈增加趋势，曲线出现拐点，这在实际意义上表示为密度达到这一数值时，立体采摘茶园向平面采摘茶园转化。

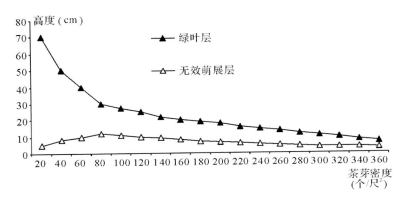

图 5-1　立体茶园—平面茶园的演替规律

二、修剪技术

茶树修剪有三大目的,一是去除顶端优势、促发侧枝、促进树冠形成,二是剪除上部枝梢、降低阶段发育年龄、更新复壮树势,三是控制优势枝、平衡枝梢生长、实现茶叶量质兼优。修剪技术分两大系统:一是树冠塑造的周期修剪,有定型修剪、春后回剪、深修剪、重修剪、台刈;二是投产茶园的年间整修,有轻修剪、控梢剪、掸剪。立体采摘茶园使用较多的是春后回剪、控梢剪等技术,平面采摘茶园则常使用轻修剪、掸剪等修剪技术。

(一)定型修剪

新茶园或改造茶园建立树冠的基础性修剪,一般进行1～3次定型修剪后树冠骨架基本形成。采用季周期栽培技术方法时,新茶园3次定剪分别在种植时、种植当年7、8月间和翌年春茶后进行,定剪高度为15～20cm、25～30cm和35～40cm;重修、深修茶园只需一次,一般在当年完成。

(二)春后回剪

春后回剪是立体采摘茶园每年春后进行的树冠定位修剪技术。种植第三年起,每年春茶采摘结束后,在上一年回剪位提高5～10cm剪去上部枝梢,重新促发树冠形成。其目的是确保树势与萌芽能力旺盛、采摘层枝梢均匀一致、翌年春茶量质兼优。

(三)控梢剪

控梢剪是立体采摘茶园在春后定剪、回剪或重剪后,为防止树冠因多季蓄梢出现零乱,在当年7、8月间进行的控制优势枝、平衡枝梢生长的选择性修剪方法,同时也是控制花蕾的必要手段。方法是:7月上旬在春后剪口提高10cm用修剪机平剪;8月初对突出枝再提高10cm逐株剪梢。经过控梢,园相趋于规则,生产枝粗细、高度一致,生产枝层花蕾孕育得到控制,同时能有效提高翌春茶叶质量和产量。

(四)轻修剪

轻修剪是强化平面采摘茶园的生产冠面育芽能力的修剪方法,通过整理采面生产枝,减少细弱枝,强化育芽质量,同时控制树冠高度,促使发芽整齐和采摘方便。轻修剪一般在秋梢生长结束后进行,每年一次,用修剪机或篱剪剪去3～5cm叶冠,轻重程度掌握在"春梢红梗留一节、秋梢黄叶一扫光"为适度;在冬季易冻地段,则推迟到春前2—3月上旬进行,防止剪后受冻。

(五)揢剪

揢剪是机械化采茶中应用的兼具采茶与树冠表层整修的技术方法,在每次机采后、新一轮茶芽萌展前,对漏采芽叶或风吹雨打形成的突生枝或提前萌发的突生枝进行修剪的措施,用采茶机(回收鲜叶)或轻修剪(不回收鲜叶)剪去叶冠面上的突生枝叶,深度约1cm左右。

(六)其他修剪

台刈:离地10～20cm截去上部枝梢,适用于树体衰败茶园。

重修剪:离地20～30cm剪去上部,适用于骨干枝衰败茶园。

深修剪:离地40～50cm剪去上部枝,适用于生产枝层衰败茶园。

上述修剪时间全部在春茶结束后进行。

三、树冠培育

(一)立体采摘茶园

新建茶园第三年起已进入投产期,春茶留鱼叶采后,一般每年进行一次回剪、1～2次控梢剪。但白叶1号回剪后或进行各种改造后,当年各季应任其蓄养,无须进行控梢剪;树龄10年以上、回剪位超过80cm、当年采摘树冠层趋向平面茶园态势时,再重剪到起始位,即25～30cm。控梢修剪前,可进行打顶采,这样既不影响树冠发育,又可增加收入;秋季末梢进行打顶采时,则要防止因采摘而诱发生产枝的越冬侧芽提前萌发,影响翌春茶芽质量和产量。

立体采摘茶园的理想指标:分枝粗度2.5mm以上、长度20～60cm、密度20～50个/尺²(表5-1)。

表5-1 不同树龄白化茶园秋后树势指标(表中括号内为白叶1号的技术参数)

茶园年龄	春后修剪高度(cm)	秋后树势		
		树幅(cm)	树高(cm)	密度(个/尺²)
第二年	离地25	80(60)	65～80(45～65)	20～30
第三年	离地30	110(90)	80～90(60～75)	25～35
第四年	离地35	130(100)	85～110(70～90)	25～40
第五年起	离地40～80	130(100)	90～140(80～120)	30～50

随着树龄增加、树冠面扩展,若控制不当,立体采摘茶园树冠会出现三种不同结果。

一种是树势旺盛、枝梢发育均匀,但枝梢高度、密度大造成下部萌生。

当生产层枝梢高度在 60~70cm 以上、密度大于 20 个/尺² 时,枝梢下部大约 40％部位因荫蔽过度而不能萌发新梢,因此出现有高产树冠而无高产实绩的现象。改变这种茶园状况的方法是通过降低营养供应水平和适当推迟修剪以控制高度。

另一种情况是当年枝梢不匀,形成优势枝和弱势枝分离。当年枝梢在生长过程中产生空间争夺,形成优势枝和弱势枝,当优势枝密度、高度过大,尤其是产生二级分枝时,弱势枝就变成荫生枝,翌年春梢萌展能力大幅下降,甚至不萌展。这种情况往往出现在回剪部位较低或不控梢茶园中,因此控梢剪是不可缺少的技术环节,回剪部位越低,越要注重控梢剪。

第三种情况是在 7、8 龄以上的茶园,由于树冠密度大,回剪后新梢萌发量大,而高度普遍不足,趋向平面态势。改变这种状况的办法是适度降低回剪部位、提高营养供给水平。图 5-2 是 12 年生白叶 1 号茶园,春后回剪高度约 80cm,8 月底前枝梢高度 10~15cm,密度大于 60 个/尺²,9 月初进行追肥一次,秋后采摘层有效分枝高度 15~40cm,密度 45 个/尺²,其中高度 35cm 以上的枝梢约占 60％比重,形成错落分布的高产生产枝层。

图 5-2 立体采摘茶园树冠垂直面形态

(二)平面采摘茶园

新建茶园在种植第二年 7 月上旬离地 35~40cm 用修剪机平弧剪;8 月初第四轮茶留 1 叶开采。

春后台刈茶园在 7 月上旬用修剪机离地 25cm 修剪,8 月初提高 10cm 开采。

春后重修茶园在 7 月上旬用修剪机在剪口提高 10cm 修剪,下轮茶留大叶开采。春后深修茶园在7月上旬在剪口提高5~10cm修剪,下轮茶留大叶开采。

上述各类茶园当年即形成采摘冠面(表 5-2),但当前白化茶园稀有采用平面采摘茶园树冠模式。

表 5-2 各类白化茶园当年秋后树势指标(低限)

茶园类型	改造高度	秋后树势		
		树幅(cm)	树高(cm)	密度(个/尺²)
新二年园	离地 25cm 定剪	80	45～55	60
台刈茶园	离地 10～20cm	60	40～50	60
重修茶园	离地 20～30cm	90	45～55	100
深修茶园	离地 40～50cm	100	50～60	100

(三)立体、平面茶园互改

立体茶园改建平面茶园时,上年春后剪口低于 70cm 时,春茶采摘结束后,在上年回剪口提高 5cm 进行修剪,下轮茶留一叶采后进行正常开采;上年春后剪口高于 80cm 时,春茶采摘结束后,回剪到 40cm 以下,7 月初提高 5～10cm 平孤修,下轮茶留一叶采后进行正常开采。在未成高产园前应杜绝手工采茶时深入冠内采摘鲜叶,以加快树冠分枝密度和幅度的迅速增加。

平面茶园改为立体茶园时,当年春前轻修剪口低于 80cm 时,春茶采摘结束后,在轻修剪口降低 10cm 进行修剪,而后按立体茶园要求进行蓄梢、控梢等;当年春前轻修剪口高于 80cm 时,春茶采摘结束后,回剪到 80cm 以下健壮枝干位,再按立体茶园要求培养树冠;平面采摘茶园进行台刈、重修、深修后改建成立体采摘茶园时,按同修剪高度的立体茶园树冠要求培养。

第二节　土壤管理

白化茶园土壤管理的目的是改善土壤质地和微域生态、增加土壤养分有效供应量,为茶树生长创造良好墒情。主要任务有土壤耕作、除草、施肥和保墒。施肥是土壤管理中最具积极意义的措施,而耕作和保墒对于幼龄、未封行茶园来说,在一定程度上要超过施肥的贡献。

一、园地耕作

茶树需要从土壤中不断地吸收养分和水分,土壤状况的好坏对于茶树根系生长至关重要。合理耕作是改善茶园土壤状况的重要措施,可以改善土壤微域生态,为茶树生长发育创造良好条件,提高茶树生长势。

(一)浅耕除草

茶园中常见杂草有 30 多种,主要是禾本科、菊科、蓼科等植物,其中危害性大、根除困难的有马唐、狗尾草、蟋蟀草、狗牙根、辣蓼、白茅、鸭跖草、革命草,近年来蔓延的外来物种,如一枝黄花、紫茎泽兰等,对茶园构成潜在威胁。

茶园浅耕的目的是清除杂草,疏松表土,改善表层土壤微域生态。浅耕深度一般在 5cm 左右,可结合追肥、培土进行,同时及时清除茶园周边杂草荆棘。

一、二龄未封行茶园做到有草即耕,每年需除草六七次。由于幼龄茶园种植当年根系扎土不深,高温季节前浅耕要及早进行,避免耕后即遇干旱,影响茶苗抗旱能力;同时因行间空隙大,杂草滋生快,应及时耕除清理出园外为妥,尤其是根蘖萌发能力且生命力超强的鸭跖草等恶性杂草。

成龄茶园则分春前耕、春后耕和夏秋耕。成龄园春夏浅耕时,要把根颈部的枯枝烂叶清出放在行间,以便腐解;秋冬浅耕时要将根部用肥土壅培,以防冻害。

(二)深耕翻土

深耕对土壤的作用强于浅耕,能有效地提高茶树吸收根系层的土壤孔隙度、降低容重、提高渗透性和持水率,改善根周肥力状况。但深耕对茶树根系损伤较多,作业强度也较大。幼龄茶园因种植前已经深耕,当年可不必深耕;成龄采摘茶园一般在秋冬结合深施有机肥时深耕,隔行隔年轮换;改造茶园则可结合施基肥进行。深耕深度一般在 10cm 左右,宽度不少于20cm,结合基肥施入时深度稍微增加;深耕不要太靠近茶树根颈部位,宜以茶冠外缘下为起始线(图 5-3)。

(三)覆盖保墒

茶园地面覆盖是茶园墒情保护的重要管理技术措施,简单易行,能有效起到保蓄土壤水分、抑制杂草生长、调节土壤温度、显著改良土壤理化性状和微生物群落的作用,同时能提高土壤肥力,对于树冠发育慢、覆盖率低的白化茶园尤显重要。

覆盖材料来源较广,可采用稻草等秸秆、砻糠、柴草、青草、修剪留下的茶枝及茶园耕作的杂草;覆盖厚度一般干草不超过 1.5cm,鲜柴草不超过3cm,如干稻草亩用量500～750kg,覆盖材料过多会影响茶树生育,过少则

图 5-3　茶园机械深耕作业

起不到作用。覆盖方法是：新种茶园在种植时覆盖，成龄茶园选择在寒冬来临前或高温干旱季节来临前进行覆盖。一般草物铺在行间，可不压土；砻糠等细碎材料，则应在覆后盖土，防止风吹雨打而流失；茶园杂草则须翻转，防止复活。

二、茶园施肥

　　肥料是茶树优质高效栽培的必要措施。肥料种类很多，性质差异较大，茶园用肥要根据茶树种性、生育周期、茶园土壤以及气候条件综合考虑。白化茶作为一个特殊的种质群体，对肥料需求的特殊性表现在：大量使用速效化肥能提高它的叶绿素含量，导致白化不充分或提前返绿；施肥不足或过分依赖有机肥，导致磷钾肥比例上升，增强其生殖生长势，造成大量开花，反而影响产量提高。

(一)施肥原则

　　茶树在不同生育期、不同季节生长周期对肥料的需求特点有所不同，而不同肥料对茶树生长的影响也存在明显区别。白化茶园用肥除按照"突出有机肥、提高施肥量、增加基肥比重、强调绿色安全"的原则外，还须考虑施肥对白化—返绿和生殖—营养生长平衡的影响，因种择肥、因树择肥显得十分重要。

　　1. 成龄茶园春茶前控制使用氮肥

　　白叶 1 号等品种使用无机肥后，尤其是氮肥后，往往导致芽叶不变白或白化程度不高或提前返绿。因此,成龄茶园应多施有机肥,少施化肥,考虑到只采春茶,因此全年只施基肥,并把施肥时间提前到秋季甚至春茶结束、修剪后进行;幼龄期内由于以育冠为主,不用担心影响白化,同时氮肥可促进新梢发育,因此不限制施用。

2. 控制磷钾肥使用

白化茶生殖生长较常规品种提前,高磷钾比的有机肥使用可导致开花结实。因此在一般土壤,通过增加氮肥使用量可满足提高树势的需要;对肥种反应不敏感品种,则可参照常规品种相似方法。

(二)施肥量

白化茶成龄园施肥量参照同龄常规品种大宗茶园,推算如下:

全年采大宗茶园年施肥量标准,一般按上年每 100kg 干茶产量施 10～15kg 纯氮确定,氮、磷、钾三要素之比为 4∶1∶1,冬基、春追、夏秋肥量比例按 4∶3∶3 分配,考虑到增产因素,基肥提倡亩施 100～150kg 菜饼,可满足茶树生长要求。

大宗茶园亩产 100kg 干茶相当于白化茶园春名茶产量 5kg。据此,白化茶园每千克干茶产量应施纯氮 2～3kg。考虑到白化茶园只采春茶,氮肥过多易导致白化茶白化不显,而全部有机肥又会造成生殖生长旺盛,因此,白化茶园施肥除在季节上合理安排外,提倡以有机肥为主、化肥为辅,冬基、春追、夏秋肥量比例按 6∶2∶2 分配。有机肥以菜饼肥为标准(氮 4.6%、磷 2.5%、钾 1.4%,三要素总量约为 8.5%),用量为:

亩施菜饼量＝上年春名茶产量×(15～30kg)

其中,亩产干茶 10kg 以下时,按单位用肥量上限使用;亩产干茶 10kg 以上时,按单位用肥量下限使用。这样,一般施肥水平控制在每亩施菜饼 150～200kg 水平,有机肥水平略高于常规品种茶园。生产实践证明,盛产茶园年亩施菜饼 300kg 时,即使树势孱弱的白叶 1 号,生长势也可提升到龙井 43 的长势水平。

(三)肥料种类

白化茶园肥料要十分强调绿色安全,一是考虑肥料本身是否会危及白化茶的高品质,二是肥料是否会造成病虫草害和土壤污染。根据农业部 NY515 标准要求,有机肥中重金属允许含量必须符合表 5-3 的要求。这里特别强调的是,我国已禁止在茶园中直接施用人粪尿的传统做法。

农业部 NY/T5018 规定的适合无公害茶的主要肥料如表 5-4 所列,其中氯化钾及含氯复合肥不能在茶园中使用,否则会导致茶树死亡。

表 5-3　有机肥中重金属允许含量(资料来源:农业部 NY515)

项　目	浓度阈值(mg/kg)	项　目	浓度阈值(mg/kg)
砷	≤15	铅	≤50
汞	≤2	铬	≤150
镉	≤3		

表 5-4　无公害茶园宜使用的肥料(资料来源:农业部 NY/T5018)

分类	名　　称	简　　介
农家肥料	1. 堆肥	以各类秸秆、落叶、人畜粪便堆制而成
	2. 沤肥	堆肥的原料在淹水条件下进行发酵而成
	3. 家畜粪尿	猪、羊、马、鸡、鸭等畜禽的排泄物
	4. 厩肥	猪、羊、马、鸡、鸭等畜禽粪便与秸秆垫料堆成
	5. 绿肥	栽培或野生的绿色植物体
	6. 沼气肥	沼气池中的液体或残渣
	7. 秸秆	作物秸秆
	8. 泥肥	未经污染的河泥、塘泥、沟泥等
	9. 饼肥	菜籽饼、棉籽饼、芝麻饼、花生饼等
商品肥	1. 商品有机肥	经动物残体、排泄物等为原料加工而成
	2. 腐殖酸类肥料	泥炭、褐炭、风化煤等含腐殖酸类物质的肥料
	3. 微生物肥料	
	根瘤菌肥料	能在豆科作物上形成根瘤菌的肥料
	固氮菌肥料	含有自生固氮菌、联合固氮菌的肥料
	磷细菌肥料	含有磷细菌、解磷细菌、菌根菌剂的肥料
	硅酸盐细菌肥料	含有硅酸盐细菌、其他解钾微生物制剂
	复合微生物肥	含有两种以上有益微生物并互不拮抗的微生物制剂
	4. 有机无机复合肥	有机肥、化学肥料或(和)矿物源肥料复合成的肥料
	5. 化学矿物源肥料	
	氮肥	尿素、碳酸氢铵、硫酸铵
	磷肥	磷矿粉、过磷酸钙、钙镁磷肥
	钾肥	硫酸钾、氯化钾
	钙肥	生石灰、熟石灰、过磷酸钙
	硫肥	硫酸铵、石膏、硫黄、过磷酸钙
	镁肥	硫酸镁、钙镁磷肥
	微量元素肥料	含有铜、铁、锰、硼、钼等微量元素肥料
	复合肥	二元、三元复合肥
	6. 叶面肥料	含多种营养成分、喷施于茶树叶面的肥料
	7. 茶树专用复合肥	特别配制的各类茶树专用肥料

(四)施肥方法

茶园施肥分为基肥、追肥,以固态肥为主,有条件的方提倡使用液态肥。

1. 基肥

基肥是白化茶园的主要肥种。施用时间应选择在茶树地上部生长即将停止时至严寒来临前,宜早不宜后;易冻山地、不易白化茶园可提前到春茶后修剪时施入。基肥施入要掌握"适当深施"的原则,一般应施在茶树根系附近 10~20cm 深度。平地茶园在树冠下沿两侧开沟,或留在树冠一侧开沟、每年轮换一次(图 5-4);坡地茶园在茶行上方开沟施肥;梯地茶园施肥沟应在里侧。肥种可按表 5-4 所列有机肥和茶叶专用复合肥为主,复合肥为次,施肥量参照前述标准确定。

图 5-4　茶园深施基肥

不施底肥的新种白化茶园,种植当年秋后应施基肥,肥种选择可能致病性杂菌少的菜饼或商品有机肥,肥量为成龄园的三分之一左右并配施 20kg 的复合肥,离根部 20cm 外开沟施入;次年增加肥量至成龄园的一半,肥种可与成园一样;已施底肥的新种白化茶园,种植当年秋后可不施有机肥,补施 20kg 复合肥;次年开始施用基肥,肥量至成龄园的一半,肥种可与成园一样。

2. 追肥

追肥是茶树生长过程中补充营养,一般以速效肥为主,包括氮、磷、钾等各种大量元素化肥、复合肥以及其他适用微量元素肥。与常规品种茶园显著不同的是,成龄园春茶前"催芽肥"坚决不施。追肥在春茶后、秋茶前分次施入,严冬区域突出春茶后使用,其他区域应突出秋茶前追肥。采用条沟方法施肥,沟深约 10cm,边施边覆土,防止肥料挥发。

第三节　病虫防治

病虫害防治是茶叶生产高产优质的重要措施,更是无公害茶、绿色农产品及有机茶等质量安全生产的重点内容。当前,我国食品质量安全的基本原则是,卫生安全第一、营养价值第二、质量品牌第三。因此对于市场定位较高的白化茶生产来说,必须坚持绿色安全第一、高产优质为次的绿色防控指导思想。

一、茶园主要病虫害

茶园病虫种类繁多,据不完全统计,已有茶树害虫 400 余种,茶树病害 100 余种,其中最常见害虫 20 余种,常见病害约 10 余种(表 5-5)。容易产生危害的病虫主要有叶蝉类、螨类、粉虱类、尺蠖类、毒蛾类、赤星病、茶炭疽病、茶苗白绢病等,优势虫群朝小型化、吸汁类害虫流行;多数茶树病虫害一般发生在夏秋期间,但赤星病、黑刺粉虱等对春季白化茶生产影响较为严重,高山多湿区域春茶期间常发生叶部病害。

表 5-5　茶园主要病虫杂草种类

类别	类型	主要种类
茶园害虫	吸汁害虫	叶蝉类、螨类、粉虱类、蚧类、蓟马类
	食叶害虫	尺蠖类、毒蛾类、卷叶蛾类、刺蛾类、蓑蛾类、象甲类
	钻蛀害虫	茶梢蛾、茶枝镰蛾、天牛类、茶枝小蠹虫、茶枝木掘蛾、象甲
	地下害虫	蛴螬、地老虎、蟋蟀、白蚁
茶树病害	叶部病害	赤星病、茶炭疽病、茶饼病、茶云纹叶枯病、茶轮斑病
	茎部病害	茶膏药病、茶粗皮病、茶树地衣台藓类
	根部病害	茶苗白绢病、黑根腐病、褐根腐病、紫纹羽病、茶苗根结线虫病

1. 黑刺粉虱(图 5-5)

同翅目粉虱科茶树害虫。在浙江一年发生 4 代,危害最严重的是春茶期间第一代虫口。若虫寄生在茶树叶背刺吸汁液,排泄物诱发成烟煤病,在茶树叶片上表形成黑煤状附着物,阻碍光合作用,使树势受到影响甚至引起茶树死亡。高度密闭的成龄茶园和持续使用菊酯类农药的茶园易引发黑刺粉虱大量发生。

图 5-5 黑刺粉虱成虫

2. 螨类(图 5-6)

为害茶树的螨类属于蜱螨目,有茶橙瘿螨、叶瘿螨、茶跗线螨等,均为肉眼看不清的吸汁类微小害虫。其世代重复,多达 10 代至 30 代,发生率高,危害严重。危害浙江地区的第一高峰一般在 5 月中旬至 6 月上旬,第二高峰在7、8月间,直至11月份仍可严重危害茶园。高温干旱会加剧螨类的发

图 5-6 螨类危害茶树态

生。危害症状为叶背沿叶脉扩展至全叶,成锈红色,叶片扭曲、变小,叶质硬脆,新梢不再萌发,直到树势衰竭。

3. 假眼小绿叶蝉(图5-7)

同翅目叶蝉科茶树害虫,成虫体长3~4mm,淡绿至淡黄色,若虫初为乳白色,后转为淡绿色,无翅。以成、若虫刺吸茶树嫩梢叶汁液为生,一年发生10多代,第一高峰在5月下旬到7月中旬,第二高峰在8月中下旬至11月。受害芽叶叶缘变黄、叶脉变红,严重时叶尖、叶缘卷曲,形成焦尖、焦边,甚至全叶枯焦、脱落,造成严重减产,同时叶质变硬变脆,成品味苦。

图5-7　假眼小绿叶蝉及茶梢危害态

4. 尺蠖类(图5-8)

鳞翅目尺蠖科茶树害虫,有茶尺蠖、油桐尺蠖、银尺蠖等。共同特性是,成虫体较细瘦、翅宽大而薄,静止时四翅平展;幼虫体表较光滑,爬行时体躯一屈一伸,静止时臀足附着于茶树枝叶,上半身凌空。一般一年发生5~6代,7—10月为危害高峰期。幼虫三龄成堆密集,四龄后分散,食量暴增,能大量咬食叶片,严重时能听得到"沙沙"的啃食声。受害茶树叶片造成"C"形缺刻,严重时整片茶园叶片被啃食,造成光枝,一片赤红。

5. 赤星病(图5-9)

赤星病是由半知菌亚门茶尾孢属真菌引起的病害,病菌以菌丝体在茶树病叶及落叶中越冬,借风雨传播,侵染新生芽叶,在不同海拔高程的白化茶园里均有发生,低温高湿、低洼和荫蔽处有利于该病的发生。危害品种涉及白叶1号、四明雪芽、千年雪等,多发生在春茶萌展期的幼嫩芽叶上。病

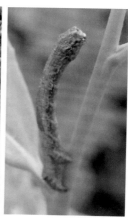

图 5-8　茶尺蠖及茶树危害状

图 5-9　茶赤星病危害状

部初期呈赤褐色小圆点,而后扩大成圆形凹斑,大小在 1～4mm,最后叶面穿孔。危害后芽叶发育不良,制成茶叶滋味苦涩,对产量、质量影响严重。

6. 白绢丝病(图 5-10)

茶白绢丝病是由核菌性真菌引起的病害,菌核或菌丝体在土壤中或附生于病组织越冬,条件适宜时突然发生,主要发生在高温多湿的梅雨季节、台风期间的1、2年生幼龄茶园。土壤低洼、板结及老茶园改种茶园容易发

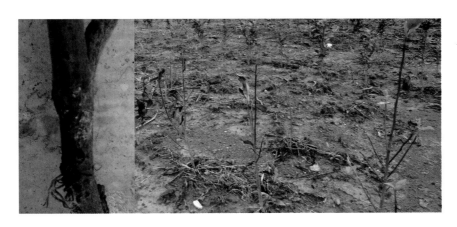

图 5-10　茶白绢丝病及茶树危害状

生。染病多在茶苗近地表根部,病部开始呈褐色,表面有白色棉丝状菌丝,而后病株皮层腐烂,落叶先从基部成熟叶开始,程度不重时保留顶端嫩叶,严重时则全株死亡。

二、茶园禁用与适用农药

(一)禁用农药

在茶叶生产中不适用的农药有以下几类:剧毒、高毒农药或急性毒性不高、但有一定慢性毒性的农药;性质稳定、不易降解、残留期长的农药;有强烈异味,用后对品质产生不良影响的农药和对茶树生育有严重影响的农药。作为无公害茶生产,我国已明确规定在茶园中禁止使用下列农药:滴滴涕、六六六、对硫磷(1605)、甲基对硫磷(甲基 1605)、甲胺磷、乙酰甲胺磷、氧化乐果、五氯酚钠、杀虫脒、三氯杀螨醇、水胺硫磷、氰戊菊酯、来福灵及其混剂等高毒高残农药。浙江省为了确保茶叶生产安全卫生,规定从 2001 年起禁止在茶园上使用呋喃丹、氧化乐果、久效磷、甲拌磷、甲基异硫磷、杀虫咪、五氯酚钠等农药及其混剂。

(二)适用农药

根据农业部对农药的管理使用要求,农药使用除必须严格按照相关法律法规、标准等要求外,适用农药由农业部发布农药使用指南,列入使用许可范围的农药方可在茶园中使用。根据无公害茶园生产要求,茶园可以选择应用的农药品种列于表 5-6。

表 5-6 无公害茶园可使用的农药品种及其安全标准

农药品种	使用剂量 [g(ml)/667m²]	稀释倍数	安全间隔期 （天）	施药方法和 每季施用限量
80%敌敌畏乳油	75～100	800～1000	6	喷雾 1 次
35%赛丹乳油	75	1000	7	喷雾 1 次
40%乐果乳油	50～75	1000～1500	10	喷雾 1 次
50%辛硫磷乳油	50～75	1000～1500	3～5	喷雾 1 次
2.5%三氟氯氰菊酯乳油	12.5～20	4000～6000	5	喷雾 1 次
2.5%联苯菊酯乳油	12.5～25	3000～6000	6	喷雾 1 次
10%氯氰菊酯乳油	12.5～20	4000～6000	7	喷雾 1 次
2.5%溴氰菊酯乳油	12.5～20	4000～6000	5	喷雾 1 次
10%吡虫啉可湿性粉剂	20～30	3000～4000	7～10	喷雾 1 次
98%巴丹可溶性粉剂	50～75	1000～2000	7	喷雾 1 次
15%速螨酮乳油	20～25	3000～4000	7	喷雾 1 次
20%四螨嗪悬浮剂	50～75	1000	10*	喷雾 1 次
0.36%苦参碱乳油	75	1000	7*	喷雾
2.5%苦参碱乳油	150～250	30～500	7	喷雾
20%除虫脲悬浮剂	20	2000	7～10	喷雾 1 次
99.1%敌死虫	200	200	7*	喷雾 1 次
Bt 制剂(1600 国际单位)	75	1000	3*	喷雾 1 次
茶尺蠖病毒制剂（0.2 亿PIB/ml）	50	1000	3*	喷雾 1 次
茶毛虫病毒制剂（0.2 亿PIB/ml）	50	1000	3*	喷雾 1 次
白僵菌制剂(100 亿孢子/g)	50	1000	3*	喷雾 1 次
粉虱真菌制剂(10 亿孢子/g)	100	200	3*	喷雾 1 次
20%克芜踪水剂	200	200	10*	定向喷雾
41%甘草膦水剂	150～200	150	15*	定向喷雾
45%晶体石硫合剂	300～500	150～200	采摘期禁用	喷雾
石类半量式波尔多液(0.6%)	75000		采摘期禁用	喷雾
75%百菌清可湿性粉剂	75～100	800～1000	10	喷雾
70%甲基托布津可湿性粉剂	50～75	1000～1500	10	喷雾
AO318 悬浮剂	60—80	1500	7	喷雾 1 次

注：* 表示暂执行的标准

三、防治技术

白化茶园病虫害防治在遵循"预防为主、综合治理"方针前提下,尽可能采用生物防治、物理防治和农业措施,尽量做到少施或不施农药,尽量不在采摘季节使用农药,尽量使用生物农药。

(一)封园

封园在茶园病虫害防治中显得十分重要。封园一般在秋茶生长结束后至严冬来临前进行。常用农药为商品晶体石硫合剂,用浓度45%稀释150倍水液喷洒于茶树;封行茶园喷施前一般先进行茶行修剪,以便药剂能喷洒到树冠内部、下部。

(二)农药防治

要求做到对症下药、适期用药、适量用药、适当轮换用药,注意适区选药,正确把握安全间隔期(详细方法可参照全国农业技术推广服务中心编《中国植保手册·茶树病虫害防治分册》)。

1. 黑刺粉虱

药防指标为每百叶6头以上时,在卵孵化盛末期使用,浙江地区一般在4月中下旬。防治农药为吡虫啉、辛硫磷、粉虱真菌等。

2. 螨类

药防指标为每平方米叶面积有虫3~4头或指数值6~8;防治适期为发生高峰期前,一般为5月中旬至6月中旬,7月中下旬至8月底。防治农药有克螨特、四螨螓、灭螨灵。

3. 假眼小绿叶蝉

第一、二峰百叶虫量分别超出6头、12头或每平方米分别超过15头、27头;防治适期为入峰后(高峰前期)且若虫占总虫量的80%以上。防治农药有溴虫清、茚虫畏、吡虫啉、杀螟丹、联苯菊酯、氯氰菊酯、三氟氯氰菊酯、AO318、白僵菌制剂、鱼藤酮。

4. 茶尺蠖

4月下旬后注意虫口变动情况,百叶虫口达到5头时应加以防治,防治适期为1~2龄幼虫,尽量在虫口点状分布时挑治。药剂主要采用茶尺蠖核多角病毒水剂。

5. 茶赤星病

冬季时对易发茶园做好石硫合剂封园工作。发生时,尽量及早采去感染芽梢,防治农药为苯菌灵、甲基托布津、多菌灵。但因多数发生在茶叶采摘季节,因此农药防治应慎之又慎。

6. 茶白绢丝病

高温多湿季节来临前,对可能发生的茶园提前采用甲基托布津、多菌灵、苯菌灵等进行一次药剂根部浇施;发现疫情时,应及时对病株及周围土壤采用药剂防治。

(三)物理防治

物理防治是绿色防控的重要技术内容,包括灯光诱捕、色板诱捕等。其中色板防治黑刺粉虱、小绿叶蝉是当前行之有效的方法。

黑刺粉虱的色板防治一般在第一代虫口大量孵化盛末期使用,亩用10～20黄色色板,均匀插于茶园树冠10～20cm上方。尽量避免雨水期使用(图5-11)。

图5-11　色板诱捕茶园害虫

叶蝉类由于世代重复、发生时期长,防治效果不及黑刺粉虱。防治方法与黑刺粉虱相似,在若虫发生高峰前采用绿色色板诱捕。如无雨水等影响,一般在10～20天后进行换板。

第四节　生理保护

冻害、涝渍、高温干旱等自然生态能对茶树造成极大的生理伤害,构成对茶树生长乃至茶树生命的影响。

一、冻害

冻害分冬季严寒引起的茶树生理伤害和春寒引起的新梢生理伤害。

(一)冬季冻害

有冰冻、雪冻、干冻等三种情况。

冰冻、雪冻是指持续阴雨、下雪,导致茶树地上部分雨、雪冻积,一般情况下积雪覆盖对茶树不会构成影响,但长时期持续积冰,会导致茶树叶片和细小枝梢腐烂死亡,立体茶园突生枝因冰雪无法覆盖部分受冻会更严重(图 5-12)。

干冻，主要是由低温引起土壤结冰，而地上部分经受严寒考验，干燥加烈风，能加剧受冻程度。成龄茶园成熟枝叶在零下 5℃ 以下气温时，会出现不同程度的冻伤；严重时能使茶树受冻达到 5 级冻害程度，冠面枝梢死亡，对翌年产量和树体造成严重损害(图 5-13)。同样温度下，立体茶园受冻情况往往比平面茶园严重；幼龄茶园往往会彻底受冻致死。

图 5-12　茶园冰雪冻害

冬季，由于白化茶已完全返绿，防冻能力不亚于常规品种；春季，白化茶品种物候期普遍较迟，受灾机率不及特早生常规品种发生高，安全系数相对较高。但由于茶叶价值较高，一旦受冻，损失大于常规品种。

冬季防冻工作主要有：每年多施早施有机肥、少施无机肥，改善树体的机体和营养组分，提高抗寒能力；采取地面覆草保墒办法，提高土温；茶树修剪时间掌握在冬季结束后的时间进行，易冻地段茶园尽量不作母本园。

图 5-13　茶园干冻冻害

(二)春季冻害

春寒主要是暗霜、明霜、冰冻对新梢芽叶的侵袭，危及春茶生产。暗霜，发生在 0～2℃ 时，茶园中看不到积霜现象，但能对幼嫩芽叶造成冻伤；明霜，发生在气温 0℃ 以下，茶园能看见白色积霜；冰冻，发生在气温 0℃ 以下时，树体部分出现积冰现象。三种冻害现象对茶树新梢造成的冻害程度依次加重。

春寒对新梢的冻害发生在新梢鳞片展开后(即俗称露白)，鱼叶和真叶均会受冻死亡。芽体轻度受冻时，芽叶仍会萌展，但展叶后叶背会出现暗红状色泽，影响茶叶品质；芽体中度受冻时，展叶部分或外层叶片出现枯焦，后萌展芽叶可维持生长，但一般要等到 1 芽 2、3 叶后(图 5-14 左)；重度受冻，会导致春茶绝收(图 5-14 右)。

图 5-14　左为春芽中度冻害,右为春芽严重冻害

春寒冻害防护比冬季防冻更加重要。其防护的主要手段如下:

一是选择合适地段、品种和建立防护林,做好基础防护措施。

二是采用设施防冻。大棚覆膜保护地栽培技术是抗冻最理想的技术手段,尤其是在低积温区域,可以免受冻害和促进早采,但因覆盖带来的微域高温使低温敏感型白化茶无法白化,采用这一技术时应研究棚内气温调控方法;防霜扇在气温 0~2℃以上时具有良好的防护作用,适用于低谷开阔地带茶园。

三是应密切注意茶芽萌动后的天气预报,在寒潮来临前,及时采摘可采芽叶,尽可能减少损失。

四是冠面喷水去霜。气温在冰点及以上、出现轻度积霜时,可在积霜融化前的清晨用机动喷雾机喷水除霜;气温在冰点以下、喷雾后出现积冰时,则应采用大功率喷灌设施长时间喷水,直到水滴不出现积冰现象为止,如无法做到大量喷水及时融化冰晶,则应放弃喷水除霜(冰)方法,否则会加剧茶树新梢和叶片的冻害(图 5-15)。

图 5-15　喷水除霜后结冰导致茶树成叶受冻加剧

二、涝渍

影响茶树生长的主要有积水涝害、阴雨浸渍、湿热浸渍等三种形式。

1. 积水涝害

长期积水引起的涝渍往往对茶树造成致命的伤害。在一些山坡低洼地段、泉眼周边种植茶园时，茶苗往往出现发育不良、逐渐死亡的现象；而一些地下水位高、又没有打破犁底层稻田、台地，往往随着种植时间的延伸，也会出现茶树成批死亡的现象。尤其是在冬季来临时，伴随着突然来临的低温冰冻，茶树在寒潮过后枝叶枯红、根部腐烂，随后全株死亡(图5-16，图5-17)。

图 5-16　积水涝害导致茶根腐烂死亡

2. 阴雨浸渍

透水良好的坡地砂质土壤茶园，冬春茶树休眠期遭遇长时间的阴雨天气时，即使没有冰冻现象发生，也会造成茶树生理障碍，程度较轻时叶脉部分呈枯红色，严重时叶片红变，甚至枯落(图5-18)。

3. 湿热浸渍

春季白化良好的幼龄茶树在土壤水分饱和、高温湿热侵袭时，会出现落叶、枯死现象(图5-19)。

茶树涝渍侵害的防治办法是在建园时首先做好茶园的规划整理，建立引水沟渠，打破犁底层，合理改善园地状况；在多雨季节来临时做好排水工作；因涝渍而出现树体受伤的茶园通过修剪茶树、清理茶园土壤，改善茶园生态。

图 5-17　积水涝害导致茶树
叶部红变、枯落

图 5-18　阴雨浸渍导致茶树叶片不同程度红变

三、高温干旱

　　高温干旱是夏秋季茶园最常见灾害现象，往往影响茶树生长和产量，导致新建或改造茶园的茶苗大量死亡。对于低温敏感型白化茶来说，往往伴随着阳光强烈直射造成茶树芽叶的灼害。

　　白化茶园的高温干旱防护管理十分重要，在实际生产中往往是一项十分力不从心的工作。除了选择适宜的茶园条件和前述的土壤耕作外，主要有灌溉、遮荫等措施。

　　连续晴天 15 天以上的高温天气，应注意茶园土壤和茶树水分供应状况，有条件的地方当茶树新梢生长明显滞育、叶片伸展异常或土壤干燥时，应视为水分缺失，及时进行灌水；幼龄茶园，结合每月一次的液肥可以有效地起到抗旱的效果。

图 5-19　湿热浸渍导致白化茶
幼树落叶枯枝

　　茶园遮荫，除了种植时布局遮荫植物外，幼龄茶园可适度套种根群小、生长季节短、高杆或蔓生的夏季作物，如豇豆、带豆等；也可在夏旱时采用耐晒树枝插枝遮荫的办法。幼龄、易旱地段、夏秋白化的白化茶园，选择遮光率 50% 的遮阳网遮荫，可控性好，效果显著。

第六章　特质调控

白化导致茶树芽叶色泽表现和内含物质的变化,也构成生态适应和生育平衡的特殊性状表现。对白化茶树特殊性状的优化调控,是白化茶优质高产栽培的重要内容。

第一节　白化调控

合适的白化程度是白化茶优质的基础。在一定范围内,鲜叶越白,氨基酸含量越高,感官品质越好;但超过一定的白化程度,内含物反而会出现下降趋势,茶叶品质出现相应下降,变得香低味淡;当白化程度不足时,茶叶品质就向常规茶叶品质转变,不能显示出白化茶固有品质特征。因此,控制合理的白化程度是生产优质鲜叶原料的技术关键。

一、白化表达因子

(一)生态条件

低温敏感型白化茶白化表现的决定性生态因子是一定的低温条件,其次是土质及营养供应,光照、树势等因子对白化也会起到一定的辅助作用。

1. 温度

研究表明,本书所述的三大品种为骨干的白化系中,白化对温度的依赖性强弱依次是千年雪、白叶1号、四明雪芽,而母本种的依赖性又强于子代(表6-1)。

2. 土质及营养

研究表现,对土质及营养的依赖性影响最敏感的品种是白叶1号和千年雪,而四明雪芽等品种(系)相对不明显。在同样栽培措施下,黏质土茶园不容易白化或容易返绿,砂质土茶园则白化明显;肥力充足,尤其是氮肥充足的茶园白化不明显,而肥力不足的茶园白化表现十分明显。

表 6-1　低温敏感型白化茶春梢白化的温度依赖性表现

品种	白化温度阈值	理想白化温度	白化色泽表现	白化上限表现
千年雪	20～22℃	10～20℃	玉白—净白	绿中透红
曙雪	22～24℃	10～20℃	玉白—雪白	白里透红
白叶1号	20～22℃	10～20℃	乳黄—净白	绿
春雪	22～24℃	10～22℃	玉绿—雪白	浅绿
四明雪芽	23～25℃	10～20℃	玉绿—雪白	白里透红、绿
瑞雪1号	25～26℃	15～25℃	玉白—雪白	玉绿色

3. 其他外界因子

白化对光照的依赖程度不及光照敏感型白化茶,但在适合白化的一定温度范围内,光照也能引起白化程度的差异。相对高温时,适度降低光照可增加白叶1号的白化表现,而千年雪、四明雪芽等影响似乎不大;茶树自身长势旺盛时,新梢所获得的营养较多,白化程度也会随之降低。

(二)萌展期与白化表达

自然条件下,除千年雪在秋季偶遇低温而表现出白化外,其他种(系)均只在春梢表现出白化;春茶前期芽叶的白化表达与后期芽叶往往存在很大差别。总体趋势是,后期白化程度高于前期,其中叶白型白化茶犹为明显。

在适合白化的温度范围内,叶白型白化茶的春茶前期芽叶往往有一个白化启动过程。1叶开展期前,白叶1号芽叶通常分别是呈乳黄、玉绿色泽,而千年雪呈玉绿或浅绿色泽;1叶开展至2叶初展期时才出现向白色转变,有时可以发现一天内突然变白的现象。

同样在适合白化的温度范围内,后期新梢的白化往往没有明显的白化启动过程,白化表现得很直接,白叶1号从展叶起即表现出绿茎白叶状态,叶白程度犹似白雪;当遇气温低于15℃时,白化芽叶同时出现劣质现象明显,呈狭长的带状畸化、茎硬叶薄,品质下降。

(三)新梢长势与白化表达

前后期新梢长势或芽叶质量差异问题在常规品种中较为普遍,如平阳特早、浙农139等品种前期的芽叶相对健壮,后期茶芽显得十分瘦小。低温型白化茶在温度偏低时,白化现象十分明显,芽叶长势受抑;当温度较高时,白化不出现或不明显,新梢长势得到改善。

白化机理研究表明,芽叶白化导致叶绿素合成受阻,继而对新梢的生长势构成影响。白化新梢长势总体表现为,长势弱于未白化枝,叶片瘦薄,新梢展叶数下降,新梢长度较短。白化程度越高,新梢长势越差。一直处于高度白化的新梢，往往萌展到 2、3 叶时就不再萌展，同时伴随劣质现象和生理障碍的产生，高度白化枝梢要在下轮新梢萌发后才逐渐恢复正常叶形和长势（图 6-1）。

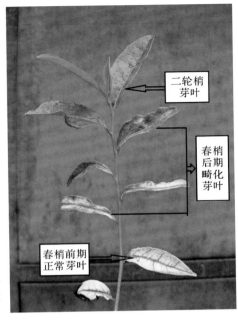

图 6-1　高度白化枝梢发育形态

二、合理白化程度

合理白化程度，是指符合白化茶优质鲜叶要求、同时新梢保持正常萌展生长状态的白化程度。

由于白化茶鲜叶采摘标准一般分为单芽、1 芽 1 叶、1 芽 2 叶三种标准，对优质鲜叶要求的合理白化程度来说，当鲜叶嫩度低于 2 叶标准时才出现白化，那么就失去实用意义；而对树势来说，2 叶以后芽叶不白化或迅速返绿，更利于后续生长。因此，合理白化程度的生产调控重点是 2 叶期内白化调控。

图 6-2 是白叶 1 号从趋向白化、白化、返绿至成熟绿叶期叶绿素、氨基酸等水平变化曲线，对应的芽叶采摘嫩度依次是 1 叶初展（趋向白化）、1 叶开展至 2 叶开展（白化）及保持 2 叶开展（绿）标准。从中可以看到，在返绿

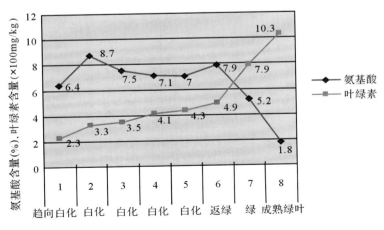

图 6-2　白化程度与氨基酸、叶绿素水平

101

前,芽叶色泽呈趋于白化至白化状态,叶绿素变化是一个逐渐积累过程,而氨基酸总体上保持较高水平,呈一个马鞍形曲线动态,这个阶段的鲜叶白化程度相对合理。

在合适气温条件下,不同品种的芽叶白化情况有着较大差异,熟悉其白化规律有助于掌握白化合理程度(表 6-2)。

表 6-2 白化茶采摘标准范围内合理白化程度

品种	白化合理程度		未白化表现	高度白化表现
	白化色泽	对应芽叶		
千年雪	初白—净白—初绿	1叶初展—2叶	红芽绿叶	徒长茎
曙雪	透红—净白—初绿	1叶初展—2叶	红芽绿叶	徒长茎
白叶1号	初白—净白—初绿	1叶初展—2叶	绿芽绿叶	徒长茎、畸形叶
春雪	初白—净白—初绿	单芽—2叶	绿芽绿叶	徒长茎、畸形叶
四明雪芽	微红—雪白—初绿	单芽—2叶	红芽绿叶	芽叶瘦薄
瑞雪	初白—雪白—初绿	单芽—2叶	绿芽绿叶	芽叶瘦薄

三、调控措施

合理白化程度调控属于双向调控,但由于茶树处于自然条件下栽培,白化合理指标的调控措施往往难以实施,相对而言,趋绿调控比趋白调控要容易一些。

(一)基础性调控

主要是指开辟茶园时对种植区域、地段和土质的选择。第四章第一节已经明确了年积温、土质等自然种植不同品种的基本要求,这里所要强调的基本准则是:南方高积温区域,海拔宜高不宜低,地段宜山不宜地,土质宜砂不宜黏;而北方低积温区域,海拔宜低不宜高,地段宜谷地不宜山脊,土质宜沃不宜瘠。

(二)年周期调控

主要涉及营养供给、育冠技术等方面调控。

1. 营养供给

营养供给即施肥技术,总体上对投产茶园应严格控制化肥用量,杜绝春前催肥。白化程度高的茶园,可以提高树势为指标,适当增加肥料用量,甚至配施速效氮肥,尽量满足茶树生长势,降低春茶白化程度;白化程度低的茶园,在确保树势不衰退前提下,实行减量施肥,尤其是控制化肥使用和春前施肥。

2. 育冠技术

主要是通过控制叶面积指数来调节树体内部营养水平。当茶园白化程度不高时,应控制蓄梢留叶,年积温5000℃以上区域修剪时间推迟到5月下旬,并结合肥料的控制使用,减少当年蓄梢留叶量,立体采摘茶园秋后叶面积指数控制在4.0以下;当茶园白化程度很高时,应尽量多蓄梢留叶,秋后叶面积指数控制在4.0~4.5之间。

(三)萌展期调控

北方及高寒茶区白化茶的茶梢白化程度往往偏高,适度降低白化程度有利于改善茶品综合质量。但这一地区若是采取保护栽培越冬,春茶往往因覆盖保温而变得白化不足,这时要通过调节棚内微域气温来达到控制白化指标,技术关键点是控制白天温度不高于白化的温度阈值。

由于整个春茶季节气温经常波动,茶芽萌发有先后之分,采摘在一定程度上又能促进茶芽萌发。因此,合理采摘既是促进春茶高产的措施,也是鲜叶白化调节的重要手段。当气温适合白化时,根据加工茶类要求采摘不同嫩度的鲜叶,但以1叶初展以上嫩度为主;当气温介于白化温度阈值间波动时,以采摘1叶、2叶初展为止;当气温高于白化温度阈值时,应以采制茶类要求采摘高档原料,通过当批芽叶采收,促进下批茶芽萌发,从而实现优质鲜叶产出。

第二节 劣质调控

白化茶劣质现象是指白化新梢在萌展过程中出现的芽叶畸化现象和生理障碍,能严重地影响茶叶产量、品质及茶树后续生长的正常进行。

一、劣质现象

白化茶劣质主要表现有新梢徒长、芽叶畸化、返绿受阻、生理障碍等。

(一)新梢徒长

新梢徒长是劣质表现最轻的一种。新梢萌展到2、3叶时不再有新叶片萌展,代之以茎梢长度的大幅增加,1芽2、3叶嫩梢长度可达10cm以上,甚至超过15cm。这类芽叶白化良好,但因芽叶过长而不适合采制扁形茶、条形茶,而对于采制蟠曲茶、卷曲茶尚有一定余地。叶白型白化茶容易出现这种现象(图6-3)。

(二)芽叶畸化

芽叶畸化主要发生在气温较低时后期萌展的茶芽。表现为:芽形勾曲,茎梢绿而硬化,叶片成柳叶状瘦长,叶面扭曲且叶脉两侧不对称,叶缘不规则,叶色雪白、质硬而瘦薄(图6-4)。这类芽叶无法采制正常外形的鲜叶,加工成品苦味明显。畸化芽叶返绿迟缓,叶形不可修复;留梢后二轮茶萌展推迟,但萌展的二轮茶可恢复成正常新梢。

图 6-3　白化新梢徒长形态　　　　图 6-4　白化芽叶畸化形态

(三)返绿受阻

芽叶形态幼小,色泽乳黄或黄白,芽叶不能正常萌展和发育,在正常返绿季节来临时,这种现象不能修复,芽叶乃至全树逐渐死亡(图6-5)。

(四)生理障碍

高度白化新梢在遭遇劲风吹袭、晴日强光照射时,抗逆性减弱,芽叶出现损伤。新梢高度白化后叶质变薄,细嫩芽叶遇劲风吹袭时,叶缘、叶尖出现枯焦现象;成熟叶片遇晴日阳光照射后,则出现焦边、焦叶现象。这种生理障碍发生在高度白化的幼龄茶树时,能导致全树树势迅速下降,生长受阻,甚至出现死亡(图6-6)。

上述四种劣质现象中,高度白化叶的生理障碍在各品种中表现基本类同;返绿受阻现象只在沿海地区白叶1号种植当年的幼苗期发现数例;新梢徒长和芽叶畸化主要发生在叶白型种,尤以白叶1号最为明显。

图 6-5　白化芽叶返绿受阻

图 6-6　白化芽叶受阳光灼伤

二、劣质成因

白化茶劣质成因研究至今已取得一定成果,但某些原因仍有待进一步揭示,尤其是沿海地区发生的白叶1号幼龄茶树不可返绿现象至今未能探明原因。

白叶1号由于细胞膜发育的障碍,导致叶绿素合成受阻,代谢中间体的氨基酸在茶树体内累积,出现氨基酸高水平现象。

叶绿素不仅是植物制造营养的组织,同时具有吸收光能、维护体内温度平衡的作用,一般要在二叶期后才由营养消耗期转为营养积累期。整个春茶期间一直处于高度白化的芽叶,新梢叶绿素合成受阻而维持较低水平,前期萌展的新梢不能及时制造和积累养分,后期芽叶萌展时得不到补充,造成营养匮乏,这就产生两个现象,一是氨基酸水平并不随白化程度提高而上升,二是加剧芽叶白化并出现畸化。

如果气温持续保持在白化的合适范围,前期白化程度高的茶树萌展的后期芽叶就容易产生劣质现象,树势赢弱品种及衰弱茶园、冬季受冻落叶严重茶园、高度白化芽叶、容易白化的茶园后期芽叶畸化会更明显。

不同气温、覆盖栽培及肥料喷施试验发现,萌展期气温是决定芽叶畸化程度最关键的因子。在气温较高区域或采用覆膜提高温度措施,能在降低白化程度的同时,彻底消除新梢的劣质现象;全年提高肥料供应水平,尤其是在春前或白化前追施氮肥,具有明显降低白化程度、促进新梢健壮生长的作用,一定程度上改善持续低温时后期芽叶畸化现象;但当萌展期茶芽处于白化期间,根外补施氮、磷、钾等大量元素或锌、镁等元素肥料,并不能起到有效的促进作用,说明高度白化叶不能有效地吸收营养元素,改善自身的新陈代谢。

由于缺乏叶绿素、叶质莹薄等原因,高度白化芽叶在劲风作用下叶缘、叶尖等迅速失水、枯萎,出现焦尖、焦边现象;在阳光持续照射下,叶体温度上升,积累到一定程度时产生灼伤。

新梢徒长主要发生在低温条件下的前期萌展芽叶,芽梢整体形态表现正常,只是茎梢持续长度增加,新的叶片不再萌展,一直持续到驻芽为止,如果不进行采摘,则从茎开始返绿。

三、调控措施

劣质现象生产调控措施首先应以上一节所阐述的白化调控措施为前提,确保茶树健壮树势。

(一)幼龄茶园调控

幼龄茶园的劣质调控主要着眼于高度白化叶的生理障碍防护。种植当年由于萌芽期推迟,多数不会出现白化现象,有利于树体发育;而当产生白化时,造成的树体伤害后果会很严重;种植第二年春梢不进行采摘时,高度白化春梢容易遭遇阳光灼伤。在这种情况下,采用遮光栽培是十分重要的措施。一般在萌展到二、三叶时,采用遮荫网遮荫,新梢返绿后揭去遮荫网,从而确保新梢免受灼伤。

(二)生产茶园调控

1. 增施肥料

对于容易产生高度白化地段的茶园应增加施肥用量,一般亩施饼肥150kg以上,并配施基肥用量10%比例的化肥;必要时在春前或春茶采摘中期施用适量的化肥,提高茶树氮肥供给水平,降低白化水平。

2. 保护栽培

易受冻落叶茶园应采摘种植防护林、行间覆盖等措施，防止茶树落叶，受冻严重时应采用大棚等措施，建立保护地栽培。

3. 及时采摘

由于高度白化芽叶留着易构成生理障碍，对后续茶树生长产生负面影响，因此及时留鱼叶采是高度白化茶园调控最直接的措施。

第三节　生殖调控

茶树的生殖生长与营养生长是一个相对平衡关系。现代茶园由于采取无性系良种与密植、密冠栽培相结合的技术，茶树生殖生长问题得到较为彻底的解决，无需茶园经营者关注。但是，随着低温敏感型白化茶的兴起和立体采摘树冠模式的推行，茶树生殖生长又成为优质高产栽培所必须关注的一个技术问题。

一、生殖现象

低温敏感型白化茶总体表现为孕蕾开花能力强，结实和白化遗传能力弱。

1. 生殖生长年龄提前

有性繁殖的茶树一般要到三龄后才进入生殖生长阶段，采用无性繁殖的常规品种茶树则会提前到二龄时孕蕾开花。但白化茶往往在一龄熟开始大量开花，甚至在扦插当年也表现强盛的孕蕾开花能力。

2. 孕蕾开花量大，结实少，种子白化遗传能力弱

总体上白化茶表现出常规品种所不及的孕蕾开花能力，白叶1号的孕蕾开花能力表现得尤为强盛，千年雪次之（图6-7），四明雪芽基本表现出与常规茶树相近水平。但结实和白化遗传能力较

图6-7　千年雪花蕾形态

弱。白叶1号基本上只开花少结实,千年雪、四明雪芽结实能力稍强。种子白化遗传能力的强弱依次为:四明雪芽、千年雪、白叶1号。四明雪芽种子后代得到的白化株比例约为50%,而白叶1号种子后代得到的白化株比例则不足5%。

3. 生殖生长能力与白化相关性小

就白化性能来说,四明雪芽种(系)是白化最为明显的种,达到最大白化程度时,白化程度也超过其他品种,但其植株高大,树势健盛,孕蕾开花能力要明显低于白叶1号种(系)。

二、生殖规律及其影响

茶树的孕蕾、开花、结实主要决定于五大要素,即茶树品种、茶园模式、茶园树龄、茶树枝梢、栽培技术。

茶树品种间比较,开花能力强弱依次是白化茶、有性群体种、常规无性系良种;白化茶品种中,开花能力强弱依次为白叶1号、千年雪、四明雪芽,而结实能力最弱的为白叶1号。

茶园模式中,立体采茶园比平面采茶园、稀植茶园比密植茶园更易孕育花蕾。

就树龄而言,一般地树龄越大,茶树越易开花,但成龄茶园冠面分枝密度增大时,因树冠内部光照不足,开花能力会大幅下降。因此会出现幼龄茶园、未封行茶园开花情况比成龄封行茶园严重的现象。

茶树每年萌发的春(第一轮)、夏(第二、第三轮)、秋(第四、第五轮)梢中,第一、二轮梢是孕育花蕾的枝梢,第三至五轮一般不能孕育花蕾。如图6-8所示,当二轮梢出现花蕾时,制约三轮后新梢萌展能力,甚至出现停止萌发下轮新梢的现象。

就栽培技术而言,不同的树冠修剪时间、程度等技术、肥料种

图6-8 茶树花蕾着生量与后续新梢萌发能力

类及使用时间,会影响茶树生殖生长能力。

在茶树年周期中,花蕾孕育期在 6—7 月,开花期在 10—12 月,种子则到第二年秋冬季成熟;6—7 月已经萌展成熟的当年一、二轮新梢能孕育花(蕾),大量的孕蕾开花能导致茶树营养生长向生殖生长的优势转化。首先,枝梢大量孕蕾形成花枝后,抑制后续新梢萌发、生长,三轮以后新梢萌发量和生长量减少,翌年优质茶芽萌展部位下降;其次,开花、结实又会消耗茶树体内营养,从而加剧树体衰弱,削弱翌年茶芽产量。

三、调控措施

根据茶树年周期中营养生长与生殖生长的生育规律,抑制生殖生长的调控措施是:

1. 调整树冠修剪方法

立体采摘茶园在春茶结束后树冠修剪采取二次修剪方法。方法是:对春梢实行全面留鱼叶采摘,并在春茶结束后上年剪口提高 10cm 进行定位修剪;对二轮梢进行控制性定位修剪,二轮新梢生长到 15～20cm 高度、新梢呈半木质化时,在春茶修剪位置上再提高 10cm 对树冠进行平剪或只剪突生枝。修剪后的二轮梢保留部分作为萌发下轮新梢,从而构成采摘生产枝层的基础枝梢。

2. 重点促发四轮梢

二次修剪后三轮梢采取自然蓄养,由于 7、8 月间正处于高温干旱,三轮梢基本处于自然制约性蓄梢生长;9 月初萌发的第四轮梢作为下年生产枝重点目标进行培养(图 6-9)。

3. 增加秋梢营养供给

在四轮梢萌发前 10～15 天,施用氮素肥料促进其生长,形成翌年骨干

图 6-9　茶树枝梢花蕾分布情况

无花枝层

有花枝层

生产枝层;未开采幼龄茶园亩施尿素 10~15kg;成龄茶园亩施尿素 20~25kg。

应用上述调控技术,突出二轮梢定位控制和四轮梢为主的秋梢培养,形成以不含花蕾秋梢为主组成的采摘生产层,有效采摘层深度为 20~55cm,分枝密度 20~50 个/尺²,无花枝梢与二轮梢长度比为 6 比 1 至 8 比 1,这样可以有效地控制茶树孕蕾开花,确保白化茶优质高产高效。

表 6-3 白化茶立体采摘茶园生殖调控技术比较

	本项技术	常规平面茶园	常规立体茶园
关键技术要求	春茶后修剪→定位控制二轮梢→重点促发秋梢→无花枝采摘树冠层	春茶前修剪→二轮后逐轮采摘鲜叶→平面采摘茶园	春茶后修剪→培养各轮梢→有花枝采摘树冠层
树冠采摘层指标	基本不含有花枝的秋梢组成,新梢深度 40~60cm、密度 20~50 个/尺²,无花枝梢与二轮梢长度比为 6~8 比 1	生产层以上一轮分枝为主,成龄茶园采摘层深度一般为 5~10cm,密度大于 180 个/尺²	有花枝组成的二至五轮枝梢,三轮后梢与二轮梢长度比为 0~3 比 1;树冠层深度为 50cm 以上
年度各轮新梢利用分布	一轮:采摘 二轮:控制性修剪 三轮:制约性蓄养 四轮:促进生长发育 五轮(如萌发):同四轮	一轮:采摘 二轮:采摘 三轮:采摘 四轮:采摘 五轮(如萌发):采摘 注:自然留养构成下年采摘层	一轮:采摘 二轮:自然蓄养 三轮:自然蓄养 四轮:自然蓄养 五轮(如萌发):自然蓄养

第七章　鲜叶技术

茶叶是叶用作物,采收鲜叶是茶树栽培的目的。白化茶作为一类特殊的茶树品种,鲜叶采收标准有别于常规品种鲜叶。应根据不同品种鲜叶白化特性,把握好芽叶白化程度和嫩度,合理采摘和科学处理,从而为加工优质茶叶奠定原料基础。

第一节　鲜叶质量

白化茶鲜叶质量标准主要由白化程度和鲜叶嫩度两大因素决定,同时,要考虑芽叶白化相关的芽叶软硬质感、叶张厚薄等芽叶质地的差异,进行综合评判。

一、白化程度

白化程度是构成白化茶鲜叶品质的重要指标。在第五章第一节中,已经就合理白化程度的调控作了讨论,初步界定了芽叶白化程度。由于鲜叶白化受到不同品种、不同生态条件、不同萌展时期的影响,在鲜叶采收时,往往难以获得最佳白化程度的原料,且当芽叶生长到足够嫩度时,不管白化程度如何,也不得不进行采摘。

同一品种在不同气温条件下,萌展的芽叶白化程度相差悬殊。如,四明雪芽在25℃以上时,芽叶色泽基本不白化,并出现绿中透红色泽,色卡385c(潘东比色卡,下同);在20℃以下萌展的芽叶,色泽白似雪,色卡为3935c(图7-1)。

而不同品种在同等白化程度下,其白化程度也会有较大的区别。图7-2从左到右依次是白叶1号、千年雪、四明雪芽三个品种的鲜叶,从白化程度分析,四明雪芽的白化相对明显。

为更好地掌握鲜叶原料的白化程度,白化茶鲜叶按白化度分为未白化(包括稍有白化)、良好白化和充分白化等三个等级(表7-1)。

111

图 7-1　不同白化程度的四明雪芽芽叶

图 7-2　同等白化程度的种间差异

表 7-1　不同白化程度白化茶鲜叶标准

		未白化	良好白化	充分白化
白叶 1 号	代表色卡	＜371c	＞377c	3955c
	白化色泽	茎叶全绿	乳黄、茎浅绿	净白
千年雪	代表色卡	366c	377c	3965c
	白化色泽	茎叶全绿	乳白、茎浅绿	净白
四明雪芽	白化色泽	茎叶全绿	乳白	雪白
	代表色卡	385c	110c	3935c

　　熟悉不同品种的最佳白化期规律在生产上显得十分重要,只有这样,才能更好地获得最佳原料(表 7-2)。

表 7-2　不同品种白化期和最佳白化期

品种	白化起始嫩度	充分白化嫩度
白叶 1 号	1 芽 1 叶开展和 2 叶初	1 芽 2 叶
千年雪	1 芽 1 叶	1 芽 1、2 叶
四明雪芽	单芽、芽 1 叶初	1 芽 1 叶初

四明雪芽是芽白型白化茶,出现白化和达到最佳白化水平的嫩度(萌展期)早于叶白型的千年雪、白叶1号,因此四明雪芽适制性也相对较广(图7-3)。

图7-3　不同嫩度的四明雪芽芽叶

　　当白化在1芽2叶期出现,而鲜叶采摘确定在单芽或1芽1叶嫩度时,那么这样的鲜叶就不会是最优质化的原料。这种嫩度较高、白化度不足的原料情况在白叶1号中普遍存在,其根源是许多地方照搬了常规品种的鲜叶嫩度标准。

二、芽叶嫩度

　　芽叶嫩度,是衡量鲜叶质量的主体标准,参照当前名优茶、大宗茶鲜叶标准,鲜叶嫩度分单芽、1叶初展、1叶开展、2叶初展等(表7-3)。

表7-3　不同茶类采用的鲜叶嫩度

鲜叶原料	精品	特级	普级
扁形茶、针形茶、条形茶、卷曲茶	单芽	1芽1叶初展至1芽2叶初展为主	1芽1叶开展至1芽3叶初展为主
蟠曲茶	1芽1叶为主	1芽2叶初展为主	1芽3叶初展为主

　　鲜叶嫩度的另一个技术要素是芽型情况。展叶期前采摘的单芽和展叶后采摘的单芽特征有显著差别,前者芽短而饱满,适制扁形茶、条形茶;后者芽长而细瘦,适制针形茶、卷曲茶;留鱼叶采得的1芽2叶初展叶原料明显小于留大叶采得的1芽2叶初展叶原料(实际上已经是1芽3叶以上),后者若加工条形茶,显得十分粗大。表7-4中,千年雪前、后期芽叶质量相当,

113

芽体占芽梢比例较近;四明雪芽前期芽叶壮实,后期芽叶瘦长而轻飘。显然,前期芽叶、初展叶、留鱼叶采下的鲜叶更适合高档名优茶加工。

表 7-4　不同白化茶各采期芽叶质量

品　　种	1 芽 1 叶(4 月 12 日)				1 芽 1 叶(4 月 23 日)			
	百芽重(g)	梢长度(cm)	芽长度(cm)	芽长/梢长(%)	百芽重(g)	梢长度(cm)	芽长度(cm)	芽长/梢长(%)
千年雪	7.8	2.80	2.2	79	8.2	2.5	1.9	76
四明雪芽	11.0	2.80	2.3	82	9.3	3.2	2.8	87

三、鲜叶质地

鲜叶质地有软硬质感和叶张厚薄之分。因白化程度不同,鲜叶质地差别明显。软硬质感可分为柔软、适中、硬质化等;叶张厚薄则分为肥嫩、适中、瘦薄等。

未白化鲜叶质地,往往表现出与常规品种鲜叶相近的特点,叶质肥嫩,质感适中,1 芽 2 叶初展以上嫩度的鲜叶芽体挺拔,适合加工做形(图 7-4左)。但在气温较高时,尤其是后期芽叶往往芽体瘦小、叶张大而薄,芽叶整体柔软,做形困难。

白化良好鲜叶,一般显现叶质柔软、嫩而不肥的特点,后期芽叶,稍显瘦薄、茎脉显露(图 7-4 中)。

充分白化的鲜叶,叶张很薄,茎脉显露,后期叶质硬化。如白叶茶 1 号,茎、脉呈绿色,叶片呈带状畸形,叶质很薄,质地硬而易碎,并易受强风、光照侵袭,叶缘芽尖失水、枯焦(图 7-4 右)。

图 7-4　不同白化程度的鲜叶质地

四、茶类适制性

名优茶产品开发中,有的先确定一个茶叶的品质特征和加工工艺,再去选择适制品种;有的先确定一个品种,再去选择相应产品和工艺;当产品、工艺和品种都成熟后,产品往往会根据市场、经济的要求进行扩展,形成系列产品,如名优绿茶品质定级中设立的精品、特级、普级等系列,这样可以最大化利用不同嫩度的鲜叶资源。

白化茶鲜叶适制性取决于嫩度、白化程度、质地等鲜叶质量要素,同时还要考虑芽型的因素。因此,不同品种在不同茶类工艺中存在一定适制性差异(表7-5)。

表7-5　白化茶品种与工艺适制评价

	白叶1号		千年雪		四明雪芽	
	未白化叶	白化叶	未白化叶	白化叶	未白化叶	白化叶
扁形茶	++	+	－	++	+	+
针形茶	+	++	－	+	+	++
条形茶	++	++	－	+	+	++
卷曲形茶	+	++	+	++	+	++
蟠曲形茶	+	++	+	++	+	++

注:++,非常适合;+,适合;－,不太适合。

对针形茶加工来说,选用原料级别高低不同,加工难易程度、产品美观程度相差很大。越高级原料,如单芽,工艺流程越简单,产品形态越优美,而嫩度在1芽2叶以下的后期芽叶,芽小而叶大,往往难以达到理想的外形。一般而言,最佳形状的针形白化茶多取中前期的1芽1叶,芽长于叶,总长不超过2.5cm。就品种来说,叶白型茶叶白化启动时芽叶较大,要兼顾内质和外形显得较为困难;就白叶1号与千年雪比较,前者芽叶相对较长,比后者更易获得紧直秀长的效果。芽白型品种1叶初展以上芽叶,能兼顾内质和外形。

扁形茶的典型鲜叶原料要求是笋状单芽和雀舌状1叶初展鲜叶,嫩度越高,加工成品外形越好;采用单芽时,前期芽叶短粗,成品形态优美,后期单芽瘦长,成品会失去传统风格。从产品形态来要求,千年雪是最适合扁形茶加工的白化茶品种,而白叶1号芽体较长,与传统扁形茶形体比较,显得粗大,这一点正好与针形茶相反;从色泽要求,千年雪未白化鲜叶加工的扁茶色泽偏暗,似常规茶品色泽,白叶1号未白化鲜叶加工的扁茶则十分翠绿;从白化度分析,高度白化鲜叶加工的扁形茶色泽转黄色后,如不注意加工的色泽"暗变"问题,往往显示出与陈茶相似等缺陷。

条形白化茶宜用1叶展以上嫩度、锋苗长的鲜叶为原料,若留采2叶展以下嫩度的鲜叶,茶形过于粗长,而留大叶采制单芽,茶形似针而不成条。所以,与扁形白化茶、针形白化茶一样,存在着外形与品质统一的问题。当前许多条形白化茶为求市场认同,重外形而轻内质,导致其不能充分展示品质优势。

卷曲茶采用鲜叶原料一般用1芽1、2叶初展或开展叶,单芽加工的卷曲茶外形并不完美,当采用1芽3叶以上的粗大原料时,加工产品又存在着外形松散问题。

蟠曲茶是形状塑造能力很强的茶类,一般适用1芽1叶开展至2叶展鲜叶原料,后期芽锋不壮、叶形粗大的茶叶加工成蟠茶,往往能得到完美外形,而单芽和1叶初展鲜叶因芽壮叶小成形反而困难。

第二节　采摘技术

白化茶鲜叶采摘技术是在获取较高优质鲜叶的同时,通过采与留、量与质之间的协调,保障茶树合理长势,达到优质高产稳产目的。

一、基本原则

1. 重质求量、量质兼顾

白化茶产品的高品位源于它的突出品质成分,因此作为加工原料的鲜叶,必须是达到最理想的适制程度才能采摘。如上所述,白化茶鲜叶必须"一白、二嫩、三适制"。在确保品质基础上强调量质兼顾,是白化茶园高效经营的关键所在。由于采摘季节只能局限于春季,因此春茶产量实质上等同于全年产量和效益。

2. 因园制宜,采留分季

白化茶有别于常规品种,每年形成最佳品质、最佳效益的采期持续时间较短,当处于最佳期时,应尽最大努力进行采获。就茶树生长发育而言,采春茶而养夏秋,足以保证其生长势和生长量。因此,不同品种、不同树龄、不同气候环境条件的白化茶,春季原则上全部留鱼叶采,其他季节则应留养,促进树体发育;但对于生长势较弱、经济性不强的弱势茶园或幼龄茶园,采摘当季仍进行适当留养。

二、采摘方法

在上述原则下,白化茶采摘要求做到按标准分级采、适时分批采、分段采和留叶采。

1. 标准采、分级采

白化茶标准采是指按不同白化品种特性和适制茶类要求的级别,采摘最佳白化程度和嫩度的鲜叶(表 7-6)。

表 7-6 不同白化茶品种(品系)鲜叶嫩度标准

品种(系)	白化条件	白化芽叶状态	建议鲜叶标准
四明雪芽	春茶,<25℃	新芽—4 叶呈白色	单芽,1 叶,2 叶初展
千年雪	春茶,<25℃	1—3、4 叶呈白色	1 叶、2 叶
白叶 1 号	春茶,<23℃	1—3、4 叶呈白色	

1 叶开展叶和 2 叶初展叶是白化茶鲜叶的主流。在实际生产中,两种鲜叶嫩度的大小应根据不同树龄、冠面分枝密度的茶树来决定。树龄在三龄以下、分枝密度小于 20 个/尺² 的茶园,采摘 1 叶开展为主的鲜叶;树龄在四龄以上、分枝密度大于 20 个/尺² 的茶园,采摘 2 叶初展为主的鲜叶,这样控制的鲜叶原料规格大小比较接近。

2. 适时采、分批采

根据标准采要求,及时分批地把芽叶采下,这主要应掌握它的开采期、采摘周期。

开采期,通常是指每季茶采摘第一批芽叶的日期,茶园中 10%～20% 茶芽达到鲜叶采摘标准时为适期。在前面所述的白化程度影响因素中,应重点考虑白化程度随着芽叶萌展变化的问题,有时因温度过高过低、光照太强太弱等,茶叶不能白化而嫩度已达到标准,则也应开采。

采摘周期是指茶叶采摘批次之间的间隔期。低温敏感型白化茶采摘周期往往只有一个生长季节,且采用立体采摘树冠居多,萌展均齐,实际采摘时间一般在半个月左右。因此就茶园培育来说,要建立萌芽密度大的树冠模式;在采摘环节,则要通过分批采来提高后续茶芽的萌发量,尤其对副芽、潜伏芽萌芽能力强的品种。在气候适宜时,这些茶芽可以萌展成为第二批优质茶芽。图 7-5 是四明雪芽第二轮次芽叶,因气温适宜,芽叶总体上呈白色,采用这种芽叶加工的品质仍然十分理想。

3. 分段采、留叶采

分段采是根据茶树的生育特点,随着茶季的延伸,按茶树新梢萌展的生

图 7-5　四明雪芽第二轮芽叶状态

理梯度调节采摘嫩度进行分批采摘,形成名茶—优质茶—大宗茶分段组合加工和多茶类生产的技术组成;留叶采是采摘芽叶时在树冠上保留一定数量的芽叶或留大叶采。分段采与留叶采的技术协调,在生产上显得十分重要,但对于低温敏感型白化茶来说,前者主要针对高密度成龄茶园,后者仅针对弱势茶园或幼龄茶园。

第三节　鲜叶摊放

茶树细嫩芽叶水分含量一般在 75％以上,鲜叶、干茶的制干率一般为 4～5比1。绿茶加工前,鲜叶必须进行摊放处理。摊放是加工的前奏,也可以说是加工工艺的组成部分,是节省劳力、燃料和提高茶叶品质的必要工序。

白化茶芽叶质地较薄,易受损伤,物理性状与常规品种有所不同,白化程度越高,性状区别越大。因此,鲜叶摊放可参照常规品种的基本技术,但也要区别对待。

一、摊青条件

鲜叶摊放一般采用专用摊青室、摊青架和摊叶框,并配置相应的空气调节设备。通用摊青室技术要求是:

1. 摊青室

要求避阳光直射、清洁整齐卫生,配置有专门的温湿调控装置,专室专用。采用立体摊青时,摊青容量为 $10～15kg/m^2$。

2. 摊青架(图 7-6)

高强度塑料、铝合金、不锈钢型材或竹木架,三足相交或四足连架,配置万向轮,高不超过 1.8m,设 10～12 层,层间 12～15cm,边长1.2m。

3. 摊青框(图 7-7)

高强度塑料或竹木为边框,不锈钢丝网或竹丝为底,圆形或方形,边框高小于 5cm,网孔小于 3mm,长宽1.1m,单框摊叶 1～1.5kg。

4. 温湿调控装置

有换气装置、空调、专用除湿器等。换气装置一般安装在外墙一侧,与进风处相对;采用空调专用除湿器时,一般 50～100m² 大小的摊青室配

图 7-6 摊青架

图 7-7 摊青框

置 1 台 3 匹空调、1 台抽湿器或配置 2 台 3 匹空调较为合理,两机在房间两侧相对安装。

二、摊青方法

进厂鲜叶先进行分批归堆,视天气和鲜叶嫩度采取相应的摊放措施。做到雨水叶与晴天叶分开,上午鲜叶与下午鲜叶分开,不同嫩度、不同品种鲜叶分开,然后及时摊放在摊叶框上。

（一）技术要素

1. 摊放厚度

按嫩叶薄摊、老叶厚摊原则，一般 2～3cm，不要超过 3cm，每框摊叶 0.5～1.0kg。

2. 摊放时间

原则上晴天短摊、阴天长摊、雨天加设施摊；以 4～24 小时为宜；摊放在 4 小时以上时应视鲜叶情况适度翻叶，以均匀鲜叶程度。

3. 温湿调控

雨水叶最好采用脱水处理后再薄摊风吹，低温天、阴雨天启动通风除湿装置。一般要求摊青温度 22～25℃、湿度小于 70％。启动温湿调控装置时，摊青架应保持一定距离，同时每隔 2 小时将机器附近的摊青架轮换到较远的地方，这样可防止因脱水过度引起伤叶。

4. 摊放程度

原则上鲜叶摊至叶质柔软、叶色失润、鲜茶香气充分显露为度，即足摊，失水率约为 25％～30％。把失水率控制在程度上限，更有利于加工把握，但也要根据不同香味风格的适制性加工要求，调整摊青程度。

（二）不当处理

1. 失水过速、摊放不均

这种情况多数出现在晴天、干燥、大风的天气和温度骤升期采摘的鲜叶。由于白化茶叶张质地较薄，叶片失水速率要快于芽茎部分，鲜叶采摘过程中已经失去了一定水分，摊放过程中由于空气湿度低，芽茎部分的水分未能及时向叶片部分转移，鲜叶容易出现摊放"到位"的假象，或出现叶片枯萎、卷边、焦边等摊放过度现象。这种摊放叶杀青容易出现芽茎不熟、叶片焦爆的现象。品种间比较，高度白化的四明雪芽最容易产生这种现象。调整方法是，在摊放中适当增加摊青厚度，关闭窗户，减少空气流动，适当加有孔篾盖等，适时翻动鲜叶，尽可能使鲜叶均匀散失水分。

2. 摊放过度

这种情况也多数出现在晴天、干燥气候条件下采摘的鲜叶。由于鲜叶采摘过程中已经失去了一定水分，摊放时间过长、程度过大时，出现叶片枯萎、卷边、焦边等摊放过度现象。这种摊放叶杀青十分容易，多数杀青可获得色泽明快、香气高爽、滋味鲜醇的良好效果，有利于后续工艺的进行，但也容易出现芽叶焦爆的现象。改善这种现象的措施是，在摊放中适当增加摊青厚度,缩短摊青时间,适时翻动鲜叶,提前进行杀青。

3. 失水滞缓、摊放不足

这种情况多数出现在阴雨天或大雾笼罩的日子,鲜叶体内水分充分饱和且表面带水,摊放过程中又因空气湿度大,鲜叶水分无法散失,即使摊上一二天,芽叶总体依然呈鲜活状态,而部分已出现烂熟状。这种摊放不足是茶叶采制的大忌,常规摊放手段不可能有效地扭转加工的茶叶品质。因此,除尽量避免阴雨天采摘外,调整的最佳途径是利用空调进行温湿调节,也可以利用鲜叶脱水器先脱去表面水,利用风扇加速水分散失速度,并减少摊放厚度。

(三)适制性处理

鲜叶质地不同,摊放处理方法有所差异。随着白化程度的提高,倾向于摊放厚度增加、时间延长的方法。未白化鲜叶的摊放处理基本上与常规茶相同;高度白化鲜叶,在摊放中要求适当增加摊放厚度,保持相对低温并避风,尤其是1芽2叶嫩度以上的鲜叶,要求进行相对缓慢的摊放处理过程。晴天20～25℃室内温度条件下,未白化鲜叶一般掌握在1～2cm厚度和4小时以上时间,而高度白化鲜叶掌握2～3cm厚度和3～6小时,这样有利于后续工艺的优化(表7-7)。

表 7-7　不同鲜叶摊放处理比较

鲜叶	方法	失水	程度
未白化	2 小时、1～2cm	失水 20%	叶质柔软,香气稍显
	4 小时、1～2cm	失水 30%	叶质萎软,香气良好
充分白化	2 小时、2～3cm	失水小于 20%	茎挺叶软,香气不足
	4 小时、2～3cm	失水 30%	茎叶柔软,香气良好

加工茶类及风格不同,摊放处理方法有很大差异。加工花香型、嫩香型、清香型茶叶的鲜叶摊放程度一般掌握"从轻"原则,尤其是白化程度较低或未白化鲜叶希望加工兰花香型的茶叶,应选择轻阴、微风天气,掌握在轻度叶质变软的状态;而加工果香型、高香型、甜香型茶叶的鲜叶摊放一般要求掌握"从重"原则,尽量加大鲜叶失水程度,以利在加工工艺中使品味更加浓厚。就工艺来说,高度白化的茶叶、高度揉捻或炒制的茶叶往往难以加工出花香型、清香型茶品,因此,这类工艺所对应的鲜叶处理应当掌握摊放"从重"原则。

第八章 加工技术

我国有着丰富的茶类及其制茶工艺资源,完全可以满足低温敏感型白化茶加工要求。但在白化茶加工时,还是应依据鲜叶个性化特征,在工艺上有所创新,尽可能加工出完美品质的白化茶产品。

第一节 绿茶工艺流程

一、针形白化茶

针形茶因外形似松针而得名,有松针形、肥针形、细针形等之分,传统茶类以安化松针、南京雨花茶为代表。以此为基础加工的白化茶基本品质特征为:外形细紧秀直匀整,纤似松针,色泽或绿翠、或绿翠镶黄明亮、或金黄明快,香气清郁持久,滋味鲜醇爽口,汤色嫩绿清澈明亮,叶底完整明亮。针形茶加工基本工艺流程如下:

杀青—摊凉—理条—回潮—整形—理条—提香。

其适配机械及参数如表 8-1 所列。

以上述工艺为基准,加工同类茶叶可以进行以下一些流程与机械配置调整:

一是利用多用机,将滚筒杀青与初次理条合并,这在小规模企业中应用较为合适;

二是杀青叶摊凉后、初次理条前进行轻度揉捻,增加紧细程度,这主要适用于 2 叶初展以下芽叶粗大的原料;

三是整形与再次理条合并,通过整形工艺直到茶叶定形,但容易增加茶叶断碎程度;

四是提香工艺采用烘焙方法。

表 8-1　针形茶基本工艺流程机械配置及技术参数

工艺	机械	温度	投叶量	时间	程度
杀青	滚筒杀青机	250～280℃	30～150kg/时	1.5～2.5分	折梗不断,叶色绿亮,表面干爽,有茶香
摊凉	匾、簟	常温	厚度<2cm	15～30分	叶质柔软
理条	理条机	150℃	0.1kg/槽	5分	七成干
回潮	匾、簟	110℃	厚度3～10cm	90～120分	芽叶回软
整形	整形机	150～200℃	4～5kg/次	20～25分	八成干
理条	理条机	120℃	0.2kg/槽	5分	7%水分
提香	滚筒杀青机	220～250℃	1kg/分	40～50秒	手捏成粉、茶香显露

二、扁形白化茶

扁形茶,源于西湖龙井。西湖龙井因其"形美、色绿、香郁、味醇"四绝而为"国茶",多年来各地竞相仿制,并冠以各种名称,产量规模居各大类名优茶之首。采用扁形工艺加工的白化茶品质特征为:外形扁平挺直尖削匀称,色泽绿翠或镶金黄边(俗称金边)或金黄明快,茶香浓烈持久,滋味鲜醇爽口,汤色嫩绿清澈明亮,叶底完整明亮。因品种和白化度不同,干茶、汤色、叶度相差很大,白叶1号未白化鲜叶加工的扁茶色泽翠绿,尤为靓丽。扁形茶加工基本工艺流程是:

青锅—回潮—辉锅(—回潮—辅炒)。

其适配机械及参数如表 8-2 所列。

这种工艺流程机械配置简单,只适用于小规模生产单位。而当前在生产量大、劳力紧张的情况下,对青锅环节多数采用滚筒机杀青和理条机压扁的工艺组合,其技术参数可参见表 8-1 的杀青、摊凉、理条等三个工序,而不同的是理条中必须加棒重压,操作办法将在下一节中详述。

表 8-2　扁形茶基本工艺流程机械配置及技术参数

工艺	机械	温度	投叶量	时间	程度
青锅	多功能机扁茶机	180～200℃	0.1～0.2kg/槽	5～6分	七成干,叶色绿亮,茶香显露
回潮	匾、簟	常温	厚度3～10cm	60～50分	叶质稍软
辉锅	多功能机	100～120℃	0.1～0.2kg/槽	5～6分	特级以上,九成干;普级,足干
回潮	匾、簟	常温	厚度3～10cm	60～120分	叶质微软
手工辅炒	电炒锅	90～100℃	200～300g/锅	5～6分	扁平挺直光滑,茶香显露

三、条形白化茶

条形茶是一种介于针形与自然形之间、稍加外力加工而成的茶品。因不同品种、芽叶嫩度、加工设备及工艺等差异，导致这类茶在近似中见差异，或直而不挺、或抱而不扁、或弯而不曲，或成朵，或似眉、或如弯剑。多功能名茶炒干机或理条机被应用到条形茶加工中去后，许多茶变得挺有余而不似针，直太过而无自然之美。本节所述条形白化茶，品质特征是：外形紧结秀直，色泽绿翠或镶金黄边（俗称金边）或金黄明快，香气清幽持久，滋味鲜醇爽口，汤色绿清澈明亮，叶底芽叶成朵明亮，叶底或呈玉白、嫩绿通脉或乳黄、或绿白相间。

条形茶机制选用的机械较为简单，基本工艺流程为：

杀青—摊凉—理条—回潮—初烘—摊凉—足烘。

适配机械及参数见表 8-3。

表 8-3　条形茶基本工艺流程机械配置及技术参数

工艺	机械	温度	投叶量	时间	程度
杀青	滚筒杀青机	250～280℃	20～150kg/时	1.5～2.5分	折茎不断，芽叶紧抱，表面干爽、香露
	多功能机	250～200℃	0.75kg/次	5～6分	芽叶紧直、稍硬、表面干爽、香露
摊凉	匾、簟	常温	厚度<2cm	15～30分	叶色亮泽
理条	多功能机	120～150℃	0.75～1kg/次	4～5分	色绿显明黄，芽叶紧直成条，质硬
回潮	匾、簟	常温	厚度3～10cm	60～90分	叶质柔软手捻不碎
初烘	自动烘干机烘培机	120～140℃	厚度<1cm	10～15分	七成干
摊凉	匾、簟	常湿	厚度<3cm	15～30分	水分分布均匀
足烘	同初烘	100～140℃	厚度<2cm	10～15分	足干，茶香浓烈

白叶1号推广后，多数地方采用这一工艺，但由于该工艺细胞破碎率低、茶汤浓度不足，因此一些地方采取了部分工艺改革，如江苏省溧阳市天目湖白茶在理条工艺中采取了轻度压扁技术，印雪白牌宁波白茶采用滚筒杀青后轻度揉捻再理条的工艺方法，在条索趋扁（图 8-1）、趋紧的同时对增加茶汤浓度、增加香气浓郁度起到了很好作用。

四、卷曲形白化茶

采用卷曲茶工艺采制的白化茶，因卷曲使芽体大幅缩小、芽叶和茸毫受扭曲而飞扬，能较好地展现白化茶鲜叶色变后绿翠与金黄两色的协调，使茶

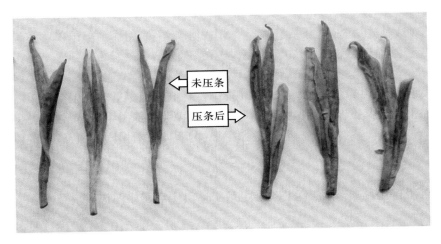

图 8-1　不同工艺加工而成的的条形茶形态

叶风格独树一帜。卷曲形白化茶基本特征是：外形锋苗紧结卷曲，或绿翠显金黄、或金黄带翠绿，偶显银毫；香浓而持久，或现毫香；滋味鲜醇而甘厚，回味甘鲜；汤色、叶底明亮，因品种或白化程度不同，叶底色或呈玉白、嫩绿通脉或乳黄、或绿白相间。基本工艺流程为：

　　杀青—摊凉—初揉—初烘—回潮—精揉—足烘。

　　其适配机械及参数见表 8-4。

表 8-4　卷曲形茶基本工艺流程机械配置及技术参数

工艺	机械	温度	投叶量	时间	程度
杀青	滚筒杀青机	250～300℃	20～150kg/时	1.5～2.5 分	折梗不断、茶香初显
摊凉	匾、簟	常温	厚度<2cm	15～30 分	色泽亮泽
初揉	揉捻机	常温	筒体 90%	15～20 分	卷曲成条
初烘	烘干机	100～110℃	厚度<1cm	15～30 分	稍有触手感
回潮	匾、簟	常温	厚度 3～10cm	60～90 分	无触手感、回软
精揉	揉捻机	常温	筒体 90%	15～20 分	卷曲成形
足烘	烘干机	100～120℃	厚度<1cm	10～15 分	手捏成粉、茶香显露

五、蟠曲形白化茶（宁波印雪白茶）

　　宁波印雪白茶是以蟠曲茶工艺为基础的专利工艺，注重通过催色实现白化鲜叶向明黄的色泽转变，其品质特征为：芽叶抱折钩曲，色泽绿翠镶黄或金黄满披，汤色绿而明亮，滋味鲜醇厚回甘，叶底或白或嫩绿通脉。工艺流程为：

摊青叶—杀青—摊凉—催色—回潮—揉捻—初焙—做形—焙香。其中鲜叶摊放至揉捻阶段设备配置与工艺技术参数见表8-5;初焙到焙香阶段的工艺按机械配置的不同分为两种方式(表8-6)。

表8-5　鲜叶处理至揉捻阶段设备配置与工艺技术参数

工艺	机械	温度	投叶量	时间	程度
杀青	滚筒机	250～280℃	20～40kg/时	2～2.5分	折茎不断,芽叶紧抱,色绿质燥,香露
摊凉	匾、簟	常温	厚度<2cm	15～30分	叶色保持绿翠程度
催色	滚筒机	180～200℃	30～45kg/时	60～75秒	色绿显明黄,芽叶紧卷弯曲,质硬易碎,香高
回潮	匾、簟	常温	厚度3～10cm	60～90分	叶质柔软,手捻不碎
揉捻	揉捻机	常温	筒体80%满	20～30分	茶条卷曲、完整无碎

表8-6　初焙到焙香阶段设备配置与工艺技术参数

方式	工艺	机械	温度	投叶量	时间	程度
1	初焙	烘焙机	120～130℃	<1cm	5～6分	稍质硬、触手感
	做形	曲毫机	100～110℃	2.5kg/时	10～15分	定形、八九成干
	焙香	烘焙机	100～140℃	厚度<2cm	5～8分	手捻成粉、茶香显
2	初焙	滚筒机	150～160℃	20kg/时	2分	稍质硬、触手感
	做形	曲毫机	100～110℃	2.5kg/时	10～15分	定形、八九成干
	焙香	烘焙机	100～140℃	厚度<2cm	5～8分	手捻成粉、茶香显

第二节　绿茶工艺属性

完美的茶叶品质是一个内外质统一体,茶叶加工须重外形也重内质。从鲜叶至成品的加工过程中必须充分了解鲜叶、在制品、成品所涉及的色香味形的变化规律,循序渐进,恰到好处地把握和运用技术要领。

一、色泽加工属性

色泽是连接茶叶内外品质的重要指标。在茶叶品质评判中,通过干茶色泽状况,大抵可以判定茶叶内在品质高低;而在茶叶加工中,色泽的变化也是衡量加工操作的重要依据。

(一)色变状况

低温敏感型白化茶鲜叶有白化和未白化(绿色叶)之分,基本规律是:白化鲜叶加工后色泽变为黄色,鲜叶越白(黄),干茶色泽越黄;未白化鲜叶,加工后转变成绿色。加工理想的茶叶在其色泽转黄或转绿同时,还要求有明快的光泽。

1. 未白化鲜叶色变

未白化鲜叶加工的干茶似同常规绿茶,或绿翠或绿亮或绿润,其中以绿翠为上,绿亮次之,绿润虽不见得是差的表现,尤其是在反复揉炒的茶叶中,往往会呈现这一色泽,但对于高品位名优茶来说,稍显逊色。

未白化鲜叶容易产生的加工问题是叶绿、茎暗现象,其原因与常规绿茶加工产生的问题一样,往往发生在加工前期含水量控制较高、组织破损早的工艺中,尤其是在经过揉捻的卷、蟠茶工艺中比较常见。

同为未白化叶,品种间存在着较大区别。千年雪、四明雪芽等未白化鲜叶加工后色泽往往倾向于深绿;当芽头带有红色时,则容易造成干茶色泽暗变;而白叶1号未白化叶的干茶色泽偏向绿翠,不经过揉捻加工的茶叶绿翠更好,其中扁形茶绿翠程度又好于全烘型条形茶。迄今为止,还没有一个品种能与白叶1号未白化叶加工的扁茶色泽相媲美(图8-2)。

图8-2　扁形茶工艺加工的白化茶外形

2. 白化鲜叶色变

白化鲜叶从轻度白化到充分白化,鲜叶色泽变幅大,干茶色泽差异也大(表8-7)。

萌芽前期轻度或良好白化鲜叶、后期充分白化叶往往茎脉和叶基绿色,叶肉和叶尖相对呈白化,加工的茶叶呈绿中镶金黄色块的复色(花色),卷、蟠曲茶工艺加工的产品尤显漂亮,但前提是必须注意未白化鲜叶部分不能出现叶绿、茎暗现象,若出现叶绿、茎暗,则黄色部分必定为枯黄、灰黄,品质随之下降。

表 8-7　白化茶鲜叶与干茶品质相关分析

序号	芽叶嫩度	叶绿素含量(mg/kg)	鲜叶色泽	干茶色泽	氨基酸含量(%)
1	1 芽 1 叶初展	226.4	绿稍转白	绿翠	7.0
2	1 芽 1 叶开展	351.3	白化	绿翠镶金黄	7.5
3	1 芽 2 叶开展	492.7	盛白化	金黄满披	8.7
4	1 芽 2 叶开展	796.8	白化返绿	绿翠带金黄	5.2
5	1 芽 2 叶开展	1031	全绿	绿	1.8

充分白化的鲜叶色泽净白或雪白,加工后色泽金黄满披,光彩夺目,别具一格。但若加工不当,出现闷黄、枯黄、灰黄、焦黄等现象,则黄色会失去光泽,无美观可言。

(二)催色工艺

白化茶干茶的特色是明快的黄色,这种色调的形成,一是决定于鲜叶的白化程度,二是决定于加工中组织破损前尽量降低含水量。催色是形成明快黄色的关键工艺。

催色工艺源于宁波印雪白茶,它是在杀青后、细胞机械破碎前进行重度脱水,使白化鲜叶部分加工成明快金黄色、绿色鲜叶部分加工成明快翠绿色的工艺程序。催色工艺技术关键是要求催色温度控制在芽叶焦爆下限、程度控制在芽叶回软的上限,这样可以把芽叶体内水分直接散发,茶汁无法渗透到芽叶表面,从而避免色泽暗变、褐变等现象,促使白化芽、叶、茎向明亮黄色(即金黄色)显著转变,而绿色芽、叶、茎则可变成艳丽翠绿。催色温度、时间以及投叶量因不同机械而不同,程度又因品种、鲜叶嫩度和白化程度而不同。催色过程要把握好黄与绿、润与亮、和与偏等三种尺度。

一是绿中求翠而忌暗。绿色应尽求翠绿色,要求干茶的芽、茎、叶片全部呈明快绿色,而不应有深色或偏暗绿色。

二是黄色求亮而不求润,黄色必须亮丽明快。所有白化鲜叶加工成干茶后转化的色泽应是鲜活状的明快黄色,若求油润、绿润,意味着黄色可能向失光泽方向发展;而若产生闷黄、灰黄、枯黄、焦黄等色泽,则成为白化茶加工之大忌。

三是色调求和而忌偏。绿、白色芽叶应尽量向翠绿、明黄色转化,取得两种色调的协调,才能形成绿翠中镶金黄色的白化茶特有风格;若白叶不能有效地转化为明快黄色,绿色部分鲜叶就难以显示绿翠,同样绿色部分鲜叶加工不够绿翠,白叶也不能彻底地转化成明快黄色,亦意味着加工不成功。

催色工艺形成的良好色泽还只是形成完美干茶色泽的第一步,当鲜叶白化程度低时,催色工艺能使少量芽叶呈现金黄,但在后续工艺中,这一现象可能会消失,反映不出白化茶的特征;当白化程度高时,加工后茶叶的绿色被黄色所覆盖,在消费者眼里,可能被误认为是一种色泽偏黄的常规名优茶。

二、外形工艺属性

由于原料、机械状况及配置的差异,加工同类茶叶会出现很大的形态差异,因此操作技术的调整和控制显得十分重要。

(一)针形茶

针形茶是名优绿茶加工技术中要求很高的工艺,成形关键工艺是理条和揉搓工艺相互交替、重复的结合。采用机械化加工后,往往因机械性能不佳,导致加工的针形白化茶多数似剑似针。

对工艺配置来说,工艺的细微调整会带来外形风格的变化。直接采用多用机杀青或与初次理条合并,可以提高茶叶挺直程度,并简化流程,但不适用于大规模生产;当不采用揉搓而直接理条成形时,茶叶外形虽然光洁整齐,但身骨轻飘,形同条形茶,从而失去固有工艺风格。如在理条前进行茶叶揉捻,成条的芽叶变得扭曲,虽通过后续工艺调整,也会显得直而不挺;通过延长整形工艺并省略再次理条的流程,会提高茶叶加工的技术要求,并出现过度断碎、制率下降的问题;足干采用滚筒提香的全程采用炒制工艺时,其形挺尖、光润;若采用烘焙,则外形挺直程度会有所下降,烘焙程度越大,外形越趋于弯曲。

(二)扁形茶

扁形茶基本工艺流程是青锅、辉锅,是最简洁的名优绿茶工艺,但并不意味着其技术简单。20世纪90年代名茶多用机的问世,使扁形茶加工走上机械化加工道路,当前已向连续化和智能化迈进。但扁形茶扁平光滑的典型特征,至今还无法用机械创造完美,高档茶一般在辉锅时用手工辅助炒制更佳。

对机械来说,槽窄深、速度快的多用机或理条机,加工的产品往往茶条偏窄,而直接选用扁茶机进行杀青、理条时,往往芽、叶包紧不够,显得阔扁;采用滚筒杀青时,杀青程度应比针形茶掌握偏嫩些,并且应缩短摊凉时间,尽快进入理条、压扁工序;对于高档原料来说,适度用手工辅炒在现有机械化加工中还是不可缺少的工序。

(三)条形茶

产品完整率是所有工艺中最高的工艺要求;工艺控制比扁形茶简单,关键是火候控制。该流程存在一个最突出的问题是:杀青后续工序没有去除焦尖、焦边的工艺,当杀青温度稍高或程度稍老时,容易产生叶尖、锯齿的焦化现象;杀青温度控制偏轻时,容易产生茎梗暗红、青气显露、茶汤浓醇度及耐泡度明显不足等缺陷。

为了弥补杀青造成的工艺缺陷,添加轻度揉捻或轻度压条的方法可以有效地解决叶尖、锯齿的焦化和茶汤浓醇度及耐泡度明显不足问题;采用低温长烘或焙香技术则可以有效地增加香气浓郁程度,甚至改变香型。

(四)卷曲茶

揉捻是决定卷曲茶外形的重要工艺。在揉捻机选配上,小型机械有利于条形的紧卷;操作时,应把握轻揉、长揉的技术关键,使条索逐步紧缩。由于揉捻工艺是在常温下进行的,茶条无法因失水缩小而形成完美外形,与手工在锅中边加热、边揉搓的工艺比较,外形相差甚远。

(五)蟠曲茶

蟠曲茶的决定工艺是锅炒工序,锅炒时间的长短,决定蟠紧程度;当蟠到最大程度时,茶叶外形就成珠粒状的"珠茶"风格,失去蟠曲的风格,并导致内质的劣化。为处理好外形与色泽的矛盾,蟠曲茶在揉捻前后必然控制水分含量,以茶叶表面不渗出茶汁为适度;同时在锅炒前进行表面去水和足够的回潮,确保通过锅炒形成完美的蟠卷外形。

应用"催色工艺"后,由于茶叶控制的水分含量很低,芽叶干燥硬化,后续工艺加工的成品特征是芽叶纵向由常规名优茶的"抱芽卷叶"变成"抱芽叠折",这是印雪白茶绿镶金黄的独特外观。但在采用不同机械组合时,若不能对加工工艺作出良好调整,可能导致外形风格偏离要求,使风格印象大打折扣。其外形风格欠缺有四种表现:

一是茶条曲而不卷。这种茶形多数在机械揉捻后,初烘采用多功能机代替,茶条因多功能机的理条作用而伸直,外形因此曲而不直、弯而不卷。

二是茶条蟠曲过度。这种茶形有两种情况,一是手工炒制时,在锅中揉团过紧,使芽叶紧卷成麻花状,虽细紧而难以展示绿镶金黄的特征,芽叶经冲泡检验往往成碎裂状较多;二是采用曲毫机或珠茶炒干机炒制,炒制程度过大,从而使茶形由钩曲似月的形状向珠粒状转化。前期水分含量越高、炒制时间越长,珠粒程度越高,同时绿翠和金黄程度越差,甚至会出现水闷、低沉的味觉。

三是茶条钩而太松。这种茶形主要是参照卷曲茶手工工艺所致。在揉捻后直接在烘笼、烘焙机、烘干机上干燥,或在干燥过程时进行搓团,但由于前期水分含量控制较低,搓团不能使茶条向卷曲、折叠方向演化,因此茶条似钩但无法做到紧结,总体上表现为松而不实、曲而失律的状态,这种茶形对于形态较大的芽叶来说显得尤为突出。

四是茶条折而不曲。这种情况主要是由于杀青工艺中失水过度,造成茶叶在揉捻中因无法加压、紧揉而成条;后又因水分太干,茶叶在回潮中不能回软,在进一步做形中茶叶已硬化而无法叠折、卷曲,形成扁块或片形,看不到曲钩似月的形态。

三、香味工艺属性

(一)完美优质香味属性

香气、滋味是茶叶品质与价值的核心,按照不同鲜叶来源、加工工艺与品质完美的白化茶香型、味型等进行分类。按鲜叶来源分未白化(或轻度白化)叶与白化叶(高度);按工艺分低火轻炒型(条形、卷、扁)、高火重炒型(针、蟠、扁等);按香型分清香型(含花香型、嫩香型)、高香型(含果香型、甜香型);按滋味分鲜醇型、醇爽或醇厚型等。这四者之间呈现一定的对应规律(表 8-8)。

表 8-8　不同鲜叶加工方法与品质形成关系

	低火轻炒型	高火重炒型
未白化(或轻度白化)叶	花香型、嫩香型、清香型;鲜醇型	果香型、高香型、甜香型;醇爽或醇厚型
白化叶(高度)	清香型、果香型、甜香型;鲜醇型	果香型、高香型、甜香型;醇爽或醇厚型

1. 花香型、嫩香型、清香型茶

对应的茶叶滋味一般呈鲜醇、回甘,汤色嫩绿或翠绿。鲜叶主要来源于砂质壤土、春茶萌展前期的未白化或轻度白化叶;鲜叶采摘掌握轻阴、微风天气;鲜叶处理应掌握从轻原则;工艺可采用条形茶、卷曲茶或扁形茶加工方法。统一原则是掌握加工温度从低、加工时段从短、揉炒程度从轻程度。

花香型茶、尤其是兰花香茶历来是绿茶中上品,基本规律是:鲜叶摊放程度、各加工环节温度、程度掌握从轻原则。但对白化茶来说,这种香型并不代表品种本质风格。如白叶 1 号的典型香味是甜香带鲜的,若按兰香型

131

茶加工,多采用未白化或轻度白化的鲜叶,在绿茶品质中虽是一个上乘茶品,但不能体现其固有品质特色。

2. 果香型、高香型、甜香型茶

所对应的茶叶滋味一般呈醇爽、醇厚,回味甘鲜,汤色绿或翠绿。鲜叶来源多样,鲜叶摊放则掌握从重原则。工艺可采用蟠形茶、针曲茶或扁形茶等加工方法,一般掌握加工温度从高、加工时段从长、揉炒程度从重等原则,中间过程相对拉长、工艺复杂化,越有利于滋味的醇厚。在加工最后阶段,采用合适温度长时间焙烘或焙炒,则明显有利于甜香、甜味特色的形成。

果香型茶实质上是高香型、甜香型的优化。板栗香的形成与高香、甜香十分近似。这些香型加工的基本规律是:鲜叶摊放和各加工环节的温度应掌握从重从慢原则。对白化茶来说,这种香型往往是代表性的,市场更容易接受这种品质风格。如白叶1号高度白化鲜叶加工而成的印雪白茶甜香足、香气浓郁,茶汤同样呈现明显的香甜味;而千年雪在浓郁的香气中会透出鲜灵、幽雅的芳香,构成品质独特风格。

(二)欠缺香味属性

这里所指的欠缺香味并不是采制技术不当造成的品质缺陷,而是指白化茶鲜叶自身的品质不足。除了未白化叶不能很好地体现其品种的品质个性外,中后期高度白化叶往往表现出香味欠缺的现象。主要特征是:香型不纯(如带药香味等)、滋味变苦、不耐冲泡,尤其是畸化芽叶,干茶色泽金黄,但氨基酸等含量较低(表8-9)。这类茶叶在加工中应采取低温长炒、长烘的方法,促使内含物缓慢向优质方向转变,高温猛炒会增加其苦味和香气的劣变。

表8-9　白叶1号不同采期白化茶生化品质比较(余姚,2004)

采制日期	水浸出物含量(%)	氨基酸含量(%)	茶多酚含量(%)	咖啡碱含量(%)
4月20日	35.4	6.6	18.0	4.1
4月28日	40.9	3.3	19.1	4.0

第三节　绿茶工艺技术

一、杀青、青锅、催色

(一)滚筒杀青

滚筒杀青机有30型、40型、50型、60型、70型、80型、90型等型号;60

型以下有柴煤、煤气、电热等燃能形式,70型以上多为柴煤式,当前采用机械向大型化方向发展。滚筒杀青机为卷曲、蟠曲茶杀青必选机械,也适合其他工艺的杀青。滚筒杀青机进叶口温度一般控制在250~300℃,筒体倾斜度、投叶量是调节杀青程度的主要手段;鲜叶通过筒体时间一般为100~120秒,同时根据鲜叶嫩度和含水量适当调节;杀青叶含水量以50%以下、表面干燥、芽叶微抱稍弯曲、锯齿微爆、折茎不断、芳香透露、芽叶绿翠带明黄或金黄明快为适度(图8-3)。但根据所制茶类不同、品质要求不同对杀青程度控制有所差别:

图8-3　滚筒杀青叶

扁、针、条形茶,尤其是要求清香型品质的,为确保后续工艺中茶条保持紧直和香型,杀青程度适度偏轻,一般掌握表面稍燥、芽叶微抱稍弯曲、锯齿微爆、折茎不断、芳香透露为度;而卷、蟠曲茶,或要求浓厚香味的,则适度加重杀青,直到杀青叶表面干燥、手捏茶叶欲碎为度。

(二)槽式杀青

采用五槽、七槽、八槽、九槽等名茶多用机,运动方式为振动式,当前热源多采用电、煤气式;针、扁、条形茶采用这类机械杀青,容易获得紧直挺秀外形,但生产量和均匀程度往往不及滚筒杀青。槽内壁温度一般控制在180~200℃,投叶量为每槽0.15~0.2kg,杀青时间全程5~6分钟。操作方法:青叶下锅时,转速调到能使茶叶跳动为度,完全杀熟后调节到低转速理条。杀青程度要求芽叶紧抱、叶面干燥、叶边微硬、折梗不断、叶色亮绿或金黄,无焦边爆尖、无青气、无红梗红叶,茶香明显透露为适度(图8-4)。

扁形茶采用槽式杀青,实质上是完成了青锅过程,而针形茶和条形茶则

图 8-4　槽式杀青叶

是初步完成了理条。所不同的是,扁形茶在杀青中途茶叶表面干燥时重棒加压 45～60 秒,针形茶杀青中途茶叶表面干燥时轻棒加压 30～45 秒,而条形茶基本不加压。

(三)青锅

青锅是扁形茶特有工艺,实际上是杀青和初步做形两个工艺的合并,前期杀青,后期做形。当前所采用的机械主要有上述的槽式多用机和压板式扁茶炒干机,其中后者近年来发展迅速,趋向于数字化自动控制,效率和质量大幅提升。

各种机型的炒制共同方面是:当锅温达到要求时,在锅壁上擦少许柏油,待青烟消失后投入青叶;抛炒约 2 分钟后青叶已完全杀熟,芽叶包拢且表面干燥后进入压棒或加压炒板程序;炒至芽叶基本呈扁条形且硬质状时起锅,含水量控制在 20% 左右。

(四)催色

催色工艺不同于杀青,杀青是以消除生物酶为主要标志,而催色主要是去除茎、芽等粗壮部分的水分,达到转黄、转绿并保持明快光泽的目的。催色适用于卷、蟠曲茶,其他茶类容易导致外形的松散、弯曲。选用机械一般为滚筒杀青机,进叶口温度为 180～200℃,时间 60～75 秒,同机型投叶量一般为杀青的 4～5 倍,程度为色绿、或显明黄,以芽叶紧卷弯曲、质硬易碎、茶香显露为适度。

二、摊凉、回潮

摊凉主要是散失热量,要求是最短时间内使芽叶温度冷却到外界一致,而回潮主要是均衡芽叶体内水分,通过芽叶体内水分循环、转移,达到芽叶变软的目的。

杀青叶出锅后应快速摊开、薄摊,最好配置风扇散热,以保证色泽翠绿和无热闷气。一般摊凉叶厚度小于 3cm,时间不超过半小时,其中杀青叶要求稍为变软即可。

回潮初期处理与摊凉相同,要求快速散去热量,在茶叶达到与外界温度一致时,增加摊叶厚度,一般 3~10cm,时间 1~1.5 小时,摊至叶质完全软化,手捏茶叶不碎为度。当气候干燥或茶叶水分过少时,可采用盖竹匾、翻动茶叶并拢堆,防止表面水分散失。但回潮时间过长,容易导致叶色变黄、内质下降。

三、揉捻

揉捻是卷曲茶、蟠曲茶必备的基础工艺或决定工艺,也可作为针形茶、条形茶的前期辅助工艺。一般采用 35 型、45 型、55 型揉捻机。揉捻机投叶量以自然松装满揉桶或揉桶容积的五分之四为宜,揉捻时间、程度、压力因茶而异,基本原则是:高档轻压短时,低档重压长时;卷蟠茶重压长时,针条形轻压短时;初揉叶轻重交替、压力适度,精揉叶轻压长揉。

初揉叶和一次性揉捻叶一般先无压揉捻 5 分钟,然后稍加轻压揉捻 5~15 分钟,加压要防止茶汁溢出影响色泽,最后再无压揉捻 5 分钟,当叶不粘手、易于散开时下机出叶。揉捻叶要求叶汁不外渗、不碎叶为宜,揉后及时解块抖散。

精揉是卷曲茶的必备工艺。先无压揉捻 5 分钟,然后稍加轻压揉捻 5~10 分钟,最后再无压揉捻 5 分钟,当芽叶紧卷成条,形态完美时下机出叶。精揉时要密切注意芽叶是否出现断碎(图 8-5)。

四、理条、整形、辉锅、做形

(一)理条

理条为条形茶必备工艺和扁形茶、针形茶的重要工艺,采用上述槽式多用机或理条机。

采用槽式杀青机杀青的茶叶理条时,锅温 120℃左右;投叶量为杀青的 1 倍左右,茶叶下锅、回软时减速。条形茶不加压,慢速理条至茶条手捏能

图 8-5　精揉叶(左)和初揉叶(右)

碎为度;针形茶加轻棒不超过 30 秒,而后以慢档理条约 2～3 分钟,待条索挺直、紧结时出叶摊凉。

采用滚筒杀青机杀青的茶叶理条时,锅温掌握在 120～150℃,投叶量相当于 2 倍杀青叶,条形茶可理至七八成干,扁形茶初次理条的时间为 5～6 分钟,出锅的程度与上述青锅叶一致。针形茶理到茶条挺直变硬、约七成干为度,加棒方法同上;再次理条时不加棒,出锅叶含水量控制在 7% 上下。

(二)整形

整形为针形茶的必备工艺。1 芽 1、2 叶芽叶嫩度时,一般采用整形机整形。锅温控制在 150～200℃时投叶,投叶量为 3～4kg,控制搓手摆动次数为 55 次/分,时间约 20～25 分钟,含水量控制在 8%～10%之间。

(三)辉锅

辉锅是扁形茶成形干燥的后续工艺,更是香气、滋味的促成工艺。锅温约 100～120℃,时间约 5～6 分钟,投叶量为 2～3 锅青锅叶(理条叶),整个过程温度保持基本平稳。

决定辉锅效果最关键时刻是茶叶下锅受热、出现回软时,多用机应及时减速、压棒、起棒,扁茶机要调节炒板至磨炒位置。压棒太早、起棒过迟时容易造成芽叶压碎;压棒太迟、起棒过早则达不到压扁目的。一般压棒时间为 60～90 秒,当感到茶叶基本足干、外形扁削平伏时起棒,后抛炒 2 分钟左右,茶叶干燥度大约为九成干。

手工辅辉。当锅温达到 80～90℃、有灼手感时,用制茶油擦槽锅面,油烟消失后投叶 400～500g,约 5 分钟,采用抓、摩、挺等手法,促使茶叶形成扁平光滑尖削的外形。

(四)做形

做形是蟠曲茶必备工艺,采用 64 型双锅曲毫机炒制。锅温为 110～90℃,投叶量为 2.5kg,全程时间约 10～15 分钟,炒至茶条初步蟠曲成形时起锅。锅炒初期应将炒手调至高位,炒板幅度放到最大,增加抛幅,使茶叶水分能及时散失,然后降低抛幅,促进茶叶蟠曲(图 8-6)。

图 8-6　蟠曲茶从鲜叶、杀青叶、揉捻叶到成品的变化过程

五、初烘(初焙)、足烘(焙香)、提香

(一)初烘(初焙)

初烘是卷曲茶、蟠曲茶关键工艺。采用烘焙机或连续烘干机。烘焙机进风口热空气温度 100～120℃;上叶厚度不超过 1cm,将理条叶均匀薄摊于烘网上;烘焙机上叶后每隔 2～3 分钟要翻动一次,避免产生一面黄、一面绿的干湿面;连续烘干机则通过控制上叶厚度、转速控制,时间一般约 10～15 分钟,烘至七成干,稍有触手感即可出叶。

(二)足烘(焙香)

当烘焙机热风进口处达到 100～120℃时,将茶叶匀摊在烘格网上,厚度不超过 2cm，摊平后置于烘箱上，每隔 2～3 分钟翻动一次，一般经过 6～10 分钟，当茶香透露，含水量降至 5%，手捏成粉末时即可出茶；或在烘至九成干时下机摊凉，后用 120～140℃ 的温度提香，时间一般为 5 分钟左右。

(三)提香

提香是针形茶最后工艺，采用 30 型滚筒杀青机，温度约 200～250℃，时间 40～50 秒，每分钟 1kg 左右，这样能有效提高茶香程度。

第四节　红茶加工工艺

采用传统条形红茶工艺加工的白化茶品质特征是，干茶外形细紧、匀齐、乌润；汤色清澈红亮；香气鲜甜或带花香，纯正持久；滋味甘醇或甜醇鲜爽，回甘；叶底柔软明亮、调匀。与常规品种加工的条形红茶相比，汤色红亮而浅，甜气较为浓郁，滋味清鲜而甜，因此在市场消费多元化潮流中，成为部分人群乐意接受的茶中新宠(图 8-7)。

图 8-7　白化茶红茶(左)与绿茶(右)比较

一、工艺流程

鲜叶原料多采用 1 芽 1、2 叶白化芽叶；基本工艺流程为：萎凋，揉捻，解块，发酵，初烘、足烘。其适配机械及参数如表 8-10 所列。

表 8-10　白化茶条形红茶工艺机械配置及技术参数

工艺	机械	温(湿)度	投叶量	时间	程度
萎凋	匾、簟	常温 20～35℃	厚度<15cm	6～15 小时	叶质柔软,折梗不断,紧捏能散,叶色暗绿,无青草气,略带花香或茶香,含水量 40%～50%
揉捻	揉捻机	常温 20～35℃	筒体 80%满	1～2 小时	茶条卷曲、完整无碎,条索率 90%以上
解块	解块机或手工	常温		1～2 分	茶条完全松散
发酵	发酵房	28～33℃;湿度:95%～100%	依容器而定,厚度不小于20cm	3～7 小时	叶色呈亮红色,花果香显露
初烘	烘干机	100～120℃	厚度<3cm	初烘:15～20 分	含水量 10%～15%
足烘	烘干机	50～60℃	厚度<3cm	30～60 分	含水量 4%～6%,手捏成粉,香气毕显

二、加工属性

发酵完善时,茶叶色泽红亮调匀,而加工成品则显乌润或深红润色泽,白化、未白化叶鲜叶的色泽差异基本上被发酵后色变所掩盖。但是白化程度不同,红色程度还是有所差异,当充分白化且鲜叶嫩度较低时,这部分发酵叶可能出现"透白"现象,而成品表现出红而不乌的色泽特征。

萎凋是红茶品质形成的初始工艺,适度快速萎凋有利于茶叶品质的优化,在傍晚或多云时较淡的阳光下照射半小时左右,既加快萎凋进程,又可改进茶叶品质。

由于条形红茶采用揉捻造型,基本上形成紧结卷曲的程度,而后续工艺所形成的外形紧直程度首先取决于解块机的作用,其次很大程度上取决于萎凋时水分含量和初烘温度。不采用解块机抖散解块的茶叶,一般茶叶条索相对弯曲;当萎凋程度掌握趋老、水分含量趋低或初烘温度高、速度较快时,茶叶外形的紧直程度会趋于紧结而弯曲;若初烘工艺用滚筒机滚炒代替,则茶叶外形呈进一步弯曲紧卷,而若在初烘、回潮后用理条机轻度理条,则茶形变得紧直。

足烘工艺的低温长烘对于甜香味的形成起到至关重要的作用,尤其是在茶叶达到足够干燥程度时,采用低温状态长时间烘焙,可以大幅提高茶叶的甜香型风味的形成。

三、工艺技术

(一)萎凋

良好的萎凋是形成高品质红茶的前提,关键要求适时、适度、均匀。萎凋一般在常温下进行,温度尽量控制在35℃以内,摊放厚度在5cm以内,时间根据不同气候,约为6~15小时。气候适宜时,萎凋初期可以采用轻淡阳光晒半小时左右。评判萎凋程度的标准为"一看、二抓、三闻"。

一看:叶色由鲜绿转为暗绿,无泛红。

二抓:叶片丝滑柔软,嫩茎折而不断,手捏成团后松手即散,水分控制在40%~50%。

三闻:鲜叶由青草味转化为略带花香或茶香。

(二)揉捻

揉捻是红茶良好外形和内质形成的重要步骤。关键要求芽锋完整、细胞破碎率高、芽叶紧卷成形。技术要求是,筒体控制容量在80%左右,揉捻时间约为1~2小时。机型比较,大型揉捻机比小型揉捻机更具效率和效果。

揉捻关键要求,嫩叶短揉轻压,老叶长揉重压,揉捻过程中遵循"轻—重—轻"原则,充分揉捻,并且边揉边解块。评判揉捻程度的标准为"一看、二摸"。

一看:外形完整,叶卷成条,色泽均匀转红。

二摸:细胞破损率高,条索完整率约90%以上,茶汁有溢出。

(三)解块

采用手工或机械解块,要求把揉捻成团、结块的芽叶全部抖散。使用解块机时,通常要进行二次解块,方可达到完全解散茶叶的目的。

(四)发酵

发酵是红茶"色、香、味"优良品质的决定因素。关键要求温湿度控制合适,尽可能保持空气通透,确保发酵均匀、快速、适度。红茶发酵对发酵房的要求较高,温度最好控制在28~35℃,湿度控制在95%~100%,发酵时间约为3~5小时。

查验标准为"一看、二闻"。

一看:鲜叶色泽大多数转变为亮红色。

二闻:青草味全部消失,出现花香、茶香或者果香。

(五)初烘

初烘要求相对高温、快速。其作用是,尽快中止体内生物酶活性的继续作用,即中止发酵,并降低水分,促进品质的形成。初烘温度一般掌握在100～120℃,时间10～15分钟,烘至含水量在10%～15%时下机。

主要分初烘、复烘两道程序,温度先高后低,时间先短后长,使水分控制在4%～6%,手捏粉碎。

(六)足烘

与初烘相对,足烘要求在较低温度条件下长时间烘焙,使茶叶在热作用下形成干燥产品的同时,缓慢地促使香气、滋味的甜醇化。足烘温度一般在50～60℃,时间30～60分钟,达到手捏茶叶成粉,香气毕显时下机。查验标准为"一摸、二闻"。

一摸:干燥完全的茶叶触摸有刺感,手捏成碎末。

二闻:花香、茶香或果香明显、悠长。

第九章 品质评审

茶叶质量评价包括感官品质、生化品质和质量安全三个方面指标。质量安全指标是基础,感官品质和生化品质是水平。当前茶叶质量评价已全面推行了标准化,但白化茶的兴起,给茶叶质量评价提出了一个新课题。由于一些新开发出来的白化茶具有常规茶叶完全不同的特点,因此难以采用现有标准全面准确地加以评价。就生化品质而言,常规品种的茶叶价值侧重于茶多酚高低,白化茶则侧重于氨基酸品质。

第一节 感官品质

按绿茶工艺加工的白化茶品质与常规绿茶存在较大区别,最突出的是干茶色泽的"黄化"。这种"黄化"不同于常规绿茶因鲜叶粗老或加工过度产生的枯黄,而是白化鲜叶经加工后的转色所引起。一定程度内,鲜叶越白,干茶越黄,同时内质也相对优化;但超过一定程度,茶叶品质反而出现下降趋势。

一、特殊品质术语

低温敏感型白化茶作为一种新的茶树资源和茶品,有着常规品种不同的个性化品质特征。GB14487《茶叶感官审评术语》是当前我国执行的茶叶感官品质审评术语的系统标准,其中"4.2.2"是专门针对白化茶设立的术语:"嫩黄,金黄中泛出嫩白色,为高档白叶类如安吉白茶等干茶、叶底特有色泽,也适用于黄茶干茶、汤色及叶底色泽"。除此之外,尚无针对白化茶设立的专用术语。为此,对白化茶一些特殊感官品质提出如下术语。

1. 金色

金色或金黄色,干茶色泽,呈明亮悦目的黄色色块,由白化鲜叶经加工后色变而成,经催色工艺后尤为明显。

2. 玉白

叶底色泽,或称乳白,源于幼嫩白化芽叶,是白化茶叶底中似半透明状质感、明亮悦目的乳白色块。

3. 玉黄

叶底色泽,白化茶叶底中呈半透明状质感、明亮悦目的嫩黄色芽叶,鲜叶来源是幼嫩乳黄、黄色芽叶。

4. 绿翠镶金

干茶色泽,单个芽叶绿翠中带有比较大块明亮悦目的黄色色块。主要源自芽叶白化不充分或白化叶与未白化叶同时存在的鲜叶,未白化的芽、叶、茎部分呈翠绿色,白化的芽、叶、茎部分呈金黄色。

5. 花色

白色芽叶与绿色芽叶存在构成的干茶色泽特征,来源于白色芽叶、绿色芽叶或白绿相间芽叶混存的鲜芽叶,尤其是萌展后期采制的茶叶(图9-1)。

图9-1 白、绿芽叶加工后构成的干茶"花色"色泽

6. 抱折

抱折指宁波印雪白茶(蟠曲茶)干茶外形呈芽叶紧抱、叶片部分折叠和部分卷曲的特有形态。

7. 钩月

钩月指宁波印雪白茶(蟠曲茶)干茶芽叶紧抱、折叠、卷曲成螺或钩状的特有形态(图9-2)。

8. 黄金700

宁波印雪白茶最高品级。鲜叶原料充分白化,干茶成品中70%以上呈金黄色泽,香气、滋味、氨基酸含量均达到最高水平的茶叶。

9. 黄金500

宁波印雪白茶代表性品级。鲜叶白化程度良好，干茶绿翠中镶金黄色块，色界明显，金黄色块比重在30%～70%之间，香气、滋味优良、氨基酸含量达到较高水平的茶叶。

10. 绿玉300

宁波印雪白茶品级之一。鲜叶原料白化较少，干茶视觉上以绿翠为主，偶呈金黄色块，香气、滋味具白茶独特风味的成品。

图9-2　宁波印雪白茶的"钩月"特征

二、审评与泡饮

(一)审评技术

感官审评是审评人员通过视觉、嗅觉、味觉、触觉等，对茶叶品质特征、优劣程度等依据一定标准进行鉴评的技术方法。

1. 审评场地、器具、用水

审评室要求面北，宽阔整洁，光线稳定、柔和明亮，无异味、噪声干扰；审评台宽度不小于60cm，长度视参评规模而定，靠北窗放置；审评用具包括：纯白瓷评茶杯(容量150ml)、碗(容量200ml)、汤匙、白色木质评茶盘(长、宽各230mm，边高30mm，一角缺口)、白色叶底盘、感量0.1g天平、电水壶、计时器、不锈金属网匙、废茶桶等；审评用水，当天现取的山涧清泉或市售新鲜矿泉水。

2. 审评程序

备具、煮水、开样、把盘、评外形、开汤、嗅香气、看汤色、尝滋味、评叶底。传统名优绿茶、红茶审评时，取茶样约100～200g，置于评茶盘中，将评茶盘运转数次后检视茶叶外形；称取3g已匀茶样，置于评茶杯中；注满初沸水，加盖分别浸泡四五分钟后，将茶汤沥入评茶碗中，依次审评其汤色、香气和滋味，最后将杯中茶渣移入叶底盘中，加入清水，检视其叶底。各因子分别按百分制打分，后按因子权重的百分制计分(表9-1)。

表 9-1　红、绿茶感官评定品质权重因子标准

	样重 (g)	泡时 (分)	外形权重 (%)	汤色权重 (%)	香气权重 (%)	滋味权重 (%)	叶底权重 (%)
传统红茶	3g	5	25%	10%	25	30%	10%
名优绿茶	3g	4	25%	10%	25	30%	10%

3. 影响因素

从白叶茶品质属性分析,目前采用的名优绿茶审评方法不能完全准确反映其品质属性,白化程度越高,评价偏离度会越大。构成其影响的主要因素在于:一是目前采用的名优绿茶浸泡时间,一定程度上造成滋味变苦,白化程度越高的茶叶变苦现象尤为明显;二是一定程度内,白化程度越高,香气和滋味往往越好,而汤色越倾向于黄色,造成汤色与香气、滋味的矛盾,与传统绿茶色泽评价背道而驰;三是白化茶色泽与常规绿茶不同,目前评价标准体系中尚无全部适用的术语来评判其外观色泽。

(二)泡饮技艺

相比于官方通行的感官品质审评标准方法,白化茶品饮中采取的泡饮技艺似乎更能体现白化茶的品质优点。

当前较为流行、科学的泡饮方法是采用壶泡杯饮的方法。器具选择白瓷或透明玻璃器具,采用 3～4g 茶、120ml 90℃左右沸水,视白化度高低,初泡 40～50 秒后沥至杯中,冷却至温热时品饮;以后每次约增加 20～30 秒冲泡时间,而品饮方法同初泡。

冰泡法是宁波印雪白茶采用的一种比较特殊的泡饮方法,取 10g 左右高档印雪白茶、200～250ml 冷却至常温的开水冲泡后,放入冰箱冷冻 20 分钟后倒入杯中品饮,香气幽长,滋味鲜醇甘冽,风味十分别致。

三、感官品质特征

(一)绿茶类基本品质风格

1. 针形茶

外形圆紧秀直匀整,纤似松针,色泽或绿翠、或绿翠镶黄明亮、或金黄明快;香气清郁持久,滋味鲜醇爽口,汤色嫩绿清澈明亮,叶底完整明亮。采用机械加工时,由于机械性能的不完善和茶叶芽体自身的扁状特点,因此往往难以做到细紧纤秀的特点,而呈似剑状态(图 9-3)。

图 9-3　针形茶

2. 扁形茶

外形扁平挺直、尖削匀称,色泽绿翠或镶金黄边(俗称金边)或金黄明快;茶香浓烈持久,滋味鲜醇爽口,汤色嫩绿清澈明亮,叶底完整明亮(图 9-4)。

图 9-4　扁形茶

3. 条形茶

外形紧结秀直,色泽绿翠或镶金黄边(俗称金边)或金黄明快;香气清幽持久,滋味鲜醇爽口,汤色绿清澈明亮,叶底芽叶成朵明亮,叶底或呈玉白、嫩绿通脉或乳黄、或绿白相间。采用轻度揉捻或进行轻度压条的茶叶则外形趋紧或趋紧直。图9-5从左到右分别是未揉压茶、轻度揉捻茶、轻度压条茶的外形特征。

图9-5 不同工艺微调后加工的条形茶

4. 卷曲茶

外形锋苗紧结卷曲，或绿翠显金黄、或金黄带翠绿，偶显银毫，白化茶香浓而持久，或现毫香，滋味鲜醇而甘厚，回味甘鲜，汤色、叶底明亮，因品种或白化程度不同，叶底色或呈玉白、嫩绿通脉或乳黄、或绿白相间。卷曲茶因仅采用揉捻成形，因此相对松散（图9-6）。

图9-6 卷曲茶

5. 蟠曲茶

芽叶蟠曲成螺或抱折钩曲,色泽绿翠镶黄或金黄满披,汤色绿而明亮,滋味鲜醇厚回甘、叶底或白或嫩绿通脉。由于锅炒做形程度的轻重和芽叶大小,会出现较大差异。如图9-7所示,左边是宁波印雪白茶高档茶品,形态趋于抱折钩曲,右边是低档茶品,形态趋于螺形。

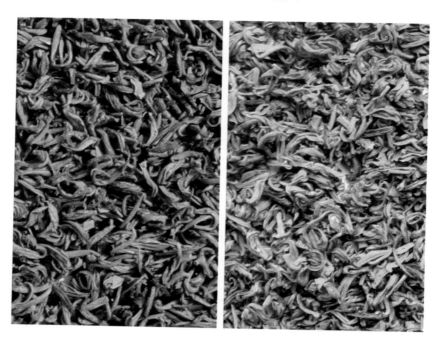

图 9-7　不同级别的蟠曲茶外形风格

（二）不同白化度及茶类外观特征

低温敏感型白化茶因品种、白化程度、采期的不同,产品风格差异悬殊。根据第八章所叙述的加工工艺,白叶1号、千年雪、四明雪芽三个种系的未白化、良好白化（半绿半白状态）和完全白化三类鲜叶加工的成品感官品质分别是:

1. 未白化茶感官品质

不同种系的未白化鲜叶加工成品中,白叶1号的干茶色泽十分独特,绿翠程度超过当前任何绿茶品种,其中扁茶类茶品尤为靓丽;而千年雪未白化叶,如遇气温很高时,芽头呈红色,采制的干茶色泽暗绿,品质不太理想（表9-2）。

148

表 9-2　未白化茶不同工艺干茶外观特征比较

	白叶 1 号系	千年雪系	四明雪芽系
条形茶	紧秀、绿翠	显短钝、绿稍深	绿稍深
扁形茶	显狭长、翠绿	显短钝、绿	绿
针形茶	紧秀、绿翠	显短钝、绿或深绿	绿或深绿
卷曲茶	绿尚翠	绿、亮	绿、亮
蟠曲茶	绿尚翠	绿润	绿润

2. 良好白化茶感官品质

良好白化鲜叶加工成品，干茶色泽绿、黄相间，十分夺目。芽叶分离度大的成品，如卷曲茶成品的色泽较坚实的针、扁形茶色泽更显丰富靓丽（表 9-3）。

表 9-3　良好白化茶不同工艺干茶外观特征比较

	白叶 1 号系	千年雪系	四明雪芽系
条形茶	紧秀、绿镶金色	显短钝、绿镶金色	绿镶金色
扁形茶	显狭长、绿镶金色	显短钝、绿镶金色	绿镶金色
针形茶	紧秀、绿镶金色	显短钝、绿镶金色	绿镶金色
卷曲茶	绿镶金色或花色	绿镶金色或花色	绿镶金色或花色
蟠曲茶	绿镶金色或花色	绿镶金色或花色	绿镶金色或花色

3. 充分白化茶感官品质

任何品种系的充分白化鲜叶加工成品，一个显著特色是干茶呈靓丽黄色、叶底呈玉白色泽。不同工艺比较，卷、蟠曲形茶品更能反映出白化茶的优秀特色；而品种比较，千年雪、四明雪芽的品质明显要超过白叶 1 号（表 9-4）。

表 9-4　充分白化茶不同工艺干茶外观特征比较

	白叶 1 号系	千年雪系	四明雪芽系
条形茶	金色满披	显短钝、金色满披	金色满披
扁形茶	显狭长、金色	显短钝、金色满披	金色满披
针形茶	紧秀、金色	显短钝、金色满披	金色满披
卷曲茶	金色满披、亮泽	金色、亮泽	金色满披、亮泽
蟠曲茶	金色满披、亮泽	金色满披、亮泽	金色满披、亮泽

(三)宁波印雪白茶品质标准

1. 基本品质特征

宁波印雪白茶隶属蟠曲绿茶类,以炒为主、烘为次的工艺加工而成,比卷曲茶紧实,比珠茶松散。为展示亮黄色块,催色、揉捻后,芽叶不完全紧卷成筒状,而是叠折弯卷,形成绿与黄分界的明显色块,从而更好地展现外形个性。基本特征是:干茶芽叶抱折成卷、曲如钩月,色泽以金色满披、亮绿悦目或绿翠镶金黄色块或绿翠偶显金黄色块;汤色嫩翠清澈柔亮或翠绿清澈明亮;香气或鲜甜或浓郁持久;滋味鲜、醇、回甘;叶底玉白、玉黄或绿显玉白,芽叶完整明亮。

2. 品级标准

宁波印雪白茶品级分三个级别标准(表9-5)。根据品质特色,设一项以干茶金黄色块多少确定的金色百分比指标,这项指标可以直观地衡量品质高低。

表 9-5　宁波印雪白茶感官品级标准

级别	金色(%)	外形	香气	滋味	汤色	叶底
黄金 700	>70	抱折成卷、曲如钩月,金色满披,明快悦目	郁鲜浓烈持久	极鲜醇甜回甘	翠柔亮	叶底玉白,偶现嫩绿
黄金 500	30～70	抱折成卷、曲如钩月,绿翠镶金色	香郁鲜灵持久	极鲜醇回甘	翠绿柔亮	叶底玉白,嫩绿
绿玉 300	<30	芽叶抱折、卷曲如螺,绿翠偶见金色	香郁鲜灵持久	鲜醇回甘	翠绿明亮	叶底嫩绿,偶现玉白

3. 特殊韵品"仰天笑"

一些产地所出产的宁波印雪白茶,往往带有自己的特殊韵味,品质显得更胜一筹,似同闽北乌龙中的岩茶,一地一品。"仰天笑"即是宁波印雪白茶中独特风韵的顶级茶品,具有别致神韵。

"仰天笑"产于宁波区域内积温最低的温凉高山——海拔 800 余米的四明山绝顶仰天峰,其地坡向西北,入冬至春尤为寒冷,低温、多潮相交,形成南方最难得的雾凇胜地。所产常规绿茶浓香厚味,品质风格接近山东日照、青岛的绿茶;而白叶 1 号、四明雪芽等白化茶展芽即白,直至 6 月依然是满园白色。每年 4 月中旬,仰天峰白茶园新芽初盛之时,常遇南风劲吹,数日昼夜不息,芽尖叶缘因此稍有失水而呈焦赤,此时采制的宁波印雪白茶以甜香见长,干茶偶见叶缘芽尖枯焦(似同摊青不当引起的芽尖叶缘枯焦),叶色金黄靓丽,茶香异烈,烈中带甜,有开封现香、干嗅有香、开汤满室飘香、味汤亦带香、品后留香的突出之处,茶味鲜极、醇厚而回甜,饮之有喜悦突涌之感,妙不可言(图9-8)。

图9-8　"仰无笑"外形风格

四、红茶品质特征

近年来,随着中国消费水平的提高,在全球市场对红茶需求迅速回温的背景下,人们面对长期垄断的高档名优绿茶市场,对茶叶品类产生了新的需求,推动了名优红茶的兴起。为了适应社会需要,适当改变加工工艺加工而成的白化茶红茶产品,由于滋味特别,也赢得了一定的市场份额,预见这个趋势在今后几年中会继续扩张。

总体来说,用白化茶加工而成的红茶品质较常规品种红茶品质显得清淡,而鲜味、甜味稍为突出。其基本品质特征是:茶外形细紧、匀齐、乌润或深红润;汤色清澈红亮;香气鲜甜或带花香、纯正持久;滋味甘醇或甜醇鲜爽,回甘;叶底柔软明亮、调匀(表9-6)。

表9-6　白化茶条形红茶工艺产品感官品质

鲜叶	外形	香气	滋味	汤色	叶底
充分白化	细紧、匀齐、深红润	鲜甜、持久	甜醇鲜爽	红亮	柔软明亮、调匀
轻度白化	细紧、匀齐、乌润	鲜甜、持久	甘醇鲜爽	红亮	柔软明亮、调匀

151

第二节 生化品质

白化茶感官品质别致,生化成分同样独特。总体上,呈现氨基酸总量高、茶多酚含量低、酚氨比小的特点,体现出高氨低酚品质。

一、常规理化品质

目前我国通行的常规理化品质指标检测内容有水分含量、水浸出物、茶多酚、氨基酸、咖啡碱等五项。与常规品种相比,白化茶的水浸出物相近或稍低,咖啡碱基本一致,茶多酚大幅减少,氨基酸显著增加。

1. 水浸出物含量

2003 年、2004 年水浸出物含量均在 40% 以下,2005 年超过 40%;白化茶品种和对照年间互有高低,总体上与常规品种内含物含量相近(表 9-7)。

表 9-7 茶叶水浸出物含量分析结果(宁波)

年份	白化茶				对照	
	品种	茶样数	含量范围(%)	含量平均值(%)	品种	含量(%)
2003	白叶1号	12	27.5～35.0	31.3	常规品种	36.1
2004	白叶1号	16	34.9～41.5	39.1	常规品种	37.3
2005	四明雪芽	3	45.5～40.2	42.0	常规品种	44.8

2. 咖啡碱

总体上低于常规品种,三年间比较,2004 年的含量差距较大,16 个茶样平均含量仅为常规品种的 80%(表 9-8)。

表 9-8 茶叶咖啡碱含量分析结果(宁波)

年份	白化茶				对照	
	品种	茶样数	含量范围(%)	含量平均值(%)	品种	含量(%)
2003	白叶1号	12	1.9～3.1	2.46	常规品种	2.44
2004	白叶1号	16	1.9～4.8	3.7	常规品种	4.6
2005	四明雪芽	3	2.2—1.9	2.0	常规品种	2.14

3. 茶多酚

测定结果表明,白化茶茶多酚含量明显低于常规品种,三年分别为常规品种的 56%、55%、62%(表 9-9)。

表 9-9　茶叶茶多酚含量分析结果(宁波)

年份	白化茶				对照	
	品种	茶样数	含量范围(%)	含量平均值(%)	品种	含量(%)
2003	白叶 1 号	12	10.3～20.1	15.1	常规品种	27.00
2004	白叶 1 号	16	10～21.3	17.7	常规品种	32.1
2005	四明雪芽	3	13.9～10.8	11.92	常规品种	19.25

4. 氨基酸

2003 年宁波印雪白茶 12 个茶样氨基酸平均含量 8.41%,比常规品种高出 110%,最高氨基酸含量达到 11.74%,高出近两倍;2004 年宁波印雪白茶 16 个茶样氨基酸平均含量比常规品种高出 45%,最高含量高出 1.2 倍(表 9-10)。

表 9-10　茶叶氨基酸含量分析结果(宁波)

年份	白化茶				对照	
	品种	茶样数	含量范围(%)	含量平均值(%)	品种	含量(%)
2003	白叶 1 号	12	4.12～11.74	8.41	福鼎大白茶	4.03
2004	白叶 1 号	16	5.2～11	7.12	福鼎大白茶	4.9

三年间,以茶氨酸(氨基酸 1)和 L-谷氨酸(氨基酸 2)为标准物测定,同一年份春茶氨基酸含量高于夏、秋茶,春茶前期高于春茶后期,春茶所有白化茶样品的氨基酸含量都高于福鼎大白茶,说明白化茶类品种的氨基酸含量具有明显优势,这是白茶滋味鲜爽的物质基础;品种间比较,千年雪、四明雪芽高于白叶 1 号;年间比较,2005 年因春茶期间高温影响,氨基酸低于前二年水平(表 9-11)。

表 9-11　不同茶树品种在不同年份和不同采摘时间的氨基酸含量

品种名称	取样时间	氨基酸 1 含量(%)	氨基酸 2 含量(%)
四明雪芽	2005 年 4 月 22 日	6.21	4.89
	2004 年 4 月 15 日	11.00	8.78
	2003 年 4 月 15 日	11.07	8.84
	2003 年 4 月 27 日	10.14	8.10

品种名称	取样时间	氨基酸1含量（%）	氨基酸2含量（%）
千年雪	2005年4月21日	7.78	6.18
	2004年4月17日	9.48	7.56
	2003年4月15日	12.61	10.06
安吉白茶	2005年4月15日	7.91	6.29
	2005年4月27日	5.59	4.37
	2004年4月14日	8.89	7.00
	2004年4月16日	6.64	6.80
	2004年6月15日	2.29	1.80
福鼎大白茶	2005年4月10日	5.75	4.51

二、氨基酸、儿茶素组分

1. 氨基酸组成

用氨基酸自动分析仪分析结果显示，白化茶与福鼎大白茶在主要氨基酸组成上没有显著差异，茶氨酸是最主要氨基酸成分，占18种被测氨基酸总量的55％以上（表9-11）；精氨酸居次，含量均高于300mg/100g；谷氨酸居第三位；胱氨酸的含量最低。品种分析，四明雪芽18种氨基酸总含量最高。

用氨基酸自动分析仪测得的18种氨基酸总含量远远低于比色法测定的氨基酸总含量（表9-12），其原因可能有两方面：第一，白化茶可能有一些含量高的氨基酸没有在氨基酸自动分析仪上鉴定出来；第二，白茶提取物中可能存在一些低肽化合物或者醯胺类化合物，这些化合物对茚三酮具有颜色反应，因此使比色值提高。而这些化合物对多酚类具有络合作用，使白茶滋味更加醇和。福鼎大白茶的18种氨基酸总量与比色法的测定结果比较接近（表9-10和表9-11），也间接说明白化茶具有18种被测定氨基酸以外的其他与茚三酮呈现颜色反应的物质存在，这些问题有待进一步深入研究加以证实。

2. 儿茶素组成

儿茶素是茶多酚类物质中的重要成分，主要有8种物质，即表儿茶素（EC）、儿茶素（C）、儿茶素没食子酸酯（CG）、表儿茶素没食子酸酯（ECG）、没食子儿茶素（GC）、表没食子儿茶素（EGC）、没食子儿茶素没食子酸酯（GCG）、表没食子儿茶素没食子酸酯（EGCG）。其中前6种儿茶素是简单儿茶素，后两种是复合儿茶素。

表 9-12　春茶氨基酸组成分析（mg/100g）

氨基酸	2003 年		2004 年		2005 年			
	四明雪芽	千年雪	四明雪芽	千年雪	四明雪芽	千年雪	白叶 1 号	福鼎大白
茶氨酸	2519.28	2493.25	2347.26	2016.24	2324.12	2165.15	1902.05	2347.89
精氨酸	331.58	338.82	343.58	316.67	303.11	302.99	311.51	299.29
谷氨酸	275.14	276.67	269.58	246.88	265.14	267.25	237.87	278.58
天门冬氨酸	230.01	228.88	207.16	189.68	220.26	205.48	210.06	194.16
组氨酸	224.01	219.91	203.67	179.94	215.89	196.97	205.47	218.66
苏氨酸	217.14	215.54	196.58	186.57	203.60	183.54	176.89	193.01
赖氨酸	201.01	200.06	196.00	190.26	171.11	201.09	200.74	187.79
丝氨酸	107.23	105.49	97.01	89.91	97.45	97.91	88.25	98.22
丙氨酸	57.26	55.69	49.29	49.92	49.01	47.25	47.59	57.85
苯丙氨酸	26.14	25.79	24.74	22.56	27.45	24.58	20.36	24.56
酪氨酸	23.99	23.59	23.04	21.22	23.78	23.95	19.87	23.90
缬氨酸	18.11	18.95	16.97	16.99	19.01	15.54	14.01	15.69
脯氨酸	15.04	14.40	13.01	12.14	16.24	14.25	14.48	17.48
亮氨酸	11.04	10.87	11.78	11.41	11.17	12.18	10.09	11.17
甘氨酸	7.81	7.53	7.03	6.26	5.09	6.09	4.04	6.11
异亮氨酸	6.24	6.09	6.00	5.33	6.01	7.56	5.58	6.01
甲硫氨酸	3.27	3.15	3.06	2.87	3.02	2.76	3.01	3.39
胱氨酸	0.37	0.38	0.27	0.22	0.29	0.15	0.19	0.39
合计	4274.67	4245.06	4016.03	3565.07	3961.75	3774.69	3472.06	3984.15

2005 年春茶样品 HPLC 分析结果表明，四明雪芽儿茶素总量高于福鼎大白茶，安吉白茶、千年雪儿茶素总量略低于对照品种。从儿茶素组成看，所有品种有共同的特点，即 EGCG 为最主要的儿茶素组成成分，约占儿茶素总量的 60% 以上，其次为 EGC 和 ECG，CG 含量最低（表 9-13）。这说明白茶品种与常规品种福鼎大白茶在儿茶素组成上没有显著差异，从保健价值上讲，白茶与一般茶叶应该具有同样的功能。

表 9-13　不同茶树品种儿茶素组成分析结果（mg/g）

品种	GC	EGC	C	EC	EGCG	GCG	ECG	CG	总量
四明雪芽	2.26	25.10	1.13	2.53	77.01	2.81	20.39	0.59	131.83
千年雪	1.30	14.66	1.64	0.93	64.47	1.93	15.51	0.22	100.66

品种	GC	EGC	C	EC	EGCG	GCG	ECG	CG	总量
安吉白茶	1.63	16.28	1.10	3.50	68.93	2.71	10.47	0.42	105.03
福鼎大白茶	1.47	19.94	1.70	1.94	73.58	2.97	13.45	0.41	115.45

三、生化品质相互关系

1. 叶绿素

白化茶的叶绿素水平在萌芽初期处于较低水平,随着芽叶萌展,叶绿素水平出现上升,但在白化阶段,叶绿素合成受阻,叶绿素含量处于一个较低水平。叶绿素总量:1 芽 1 叶初展,处于白化初期 200～300mg/kg,白化盛期 250～400mg/kg,返绿初期上升到 450mg/kg,完全返绿而未成熟芽叶在 1000mg/kg 上下,完全成熟叶可达到 2000mg/kg。叶绿素总量水平较低时,叶绿素 b 比重较小,随着叶绿素总量的增加,其所占比重上升,变化范围约在 11.8%～38.7%(表 9-14)。

表 9-14　白化茶叶色与叶绿素含量变化情况

白化状态	叶绿素总量(mg/kg)	叶绿素 a (mg/kg)	叶绿素 b (mg/kg)	b/(a+b) (%)
成熟绿叶	2169	1384	784	36.1
未成熟绿叶	1031	704	327	31.7
返绿	796.8	488.0	308.8	38.7
出现返绿	492.7	325.4	167.3	33.9
白化	432.1	278.4	153.7	35.5
白化	413.3	268.0	145.3	35.1
白化	351.3	237.8	113.5	32.3
白化	329.0	212.4	116.4	35.3
趋向白化	226.4	199.6	26.8	11.8

2. 叶绿素和氨基酸、茶多酚变化

叶绿素含量与茶多酚总体上保持正相关趋势,两者与氨基酸含量呈负相关变化规律。萌芽初期,叶绿素和氨基酸均处于一个相对低位,而在白化阶段,氨基酸保持在相对高位,茶多酚则维持在低位;出现返绿后,叶绿素、茶多酚迅速上升,而氨基酸急剧下降(图 9-9)。

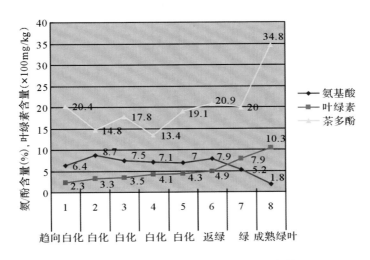

图 9-9　叶绿素与氨基酸、茶多酚水平变化情况

第三节　质量安全

茶叶质量安全,是茶产品最基本的质量要求。随着我国进入农业和农村经济发展新阶段,这些问题受到了前所未有的关注。自 2001 年以来,农业部、科技部、质量总局、卫生计生委(原卫生部)等多个部门和各级地方政府,相继出台了一系列质量安全政策体系,包括质量安全标准体系、质量安全监督检测体系、质量安全认证体系、生产技术推广体系、质量安全执法体系和市场信息体系的建设,经过十余年坚持不懈的努力,基本上建立起"从茶园到茶杯"全过程质量安全控制,质量安全问题得到显著改善。

茶叶质量安全内容包括四个方面,即农药残留、重金属、非茶夹杂物和添加剂、细菌等有害微生物,其中农药残留是最主要的关注对象。

我国已制定茶叶相关质量安全的国标和行标 38 项,包括茶叶卫生标准、无公害食品茶、绿色食品茶、有机茶等;制定茶叶相关质量安全检测方法国标和行标共 51 项,其中六六六、三氯杀螨醇、Pb、Cu、Cb 等农残、重金属安全性指标 12 项。

国际标准化组织(ISO)规定了 1 项茶叶产品质量标准和 14 项检验方法;联合国粮农组织(FAO)规定了茶叶的 10 种农残标准(mg/kg):甲基毒死蜱0.1、氯氰菊酯20、溴氰菊酯10、三氯杀螨醇50、硫丹30、杀螟硫磷0.5、氟氰戊菊酯 20、杀扑磷 0.5、氯菊酯 20、克螨特 10。世界茶叶主要生产国和进口国规定的要求项目更多、更苛刻。欧盟在 2003 年 4 月发布的《茶叶农残—实施规则》(ETC18/03)规定了 156 种最大农残标准限量,其中列出茶叶常见的农残 49 种;日本在 2003 年规定茶叶的农残标准种类达 81 种,其中禁止使用甲胺磷、氰戊菊酯、溴氰菊酯、三氯杀螨醇、辛硫磷、阿维菌素、多菌灵、敌敌畏、草甘膦、三唑磷、杀虫双和杀草强等 12 种农药,还规定了其他限量:总灰分 15%、水分 5%、砷 2mg/kg、重金属(以 Pb 计)20mg/kg;美国规定进口食品农残为 32 种,其中溴氰菊酯限量 0.5mg/kg。

一、国家茶叶质量安全标准

原卫生部和国家标准化管理委员会于 2005 年颁布了 GB2762《食品中污染物限量》和 GB2763《食品中农药最大残留限量》两个标准,替代 1988 年颁布的 GB9679 标准,其中涉及茶叶的有铅、稀土两项污染物指标和九项农药指标;2010 年原卫生部和农业部又联合发布了 GB26130《食品中百草枯等 54 种农药最大残留限量》标准,规定了 1 种杀菌剂、1 种除草剂和 5 种杀虫剂的限量指标。

2013 年 3 月 1 日起,GB2763-2012《食品中农药最大残留限量》标准修订版颁布实施,涉及茶叶行业的 4 项国家标准和 4 项农业行业标准同时被取代和作废,其中有国家标准 4 项,分别为 GB2763-2005《食品中农药最大残留限量》、GB2763-2005《食品中农药最大残留限量》第 1 号修改单、GB26130-2010《食品中百草枯等 54 种农药最大残留限量》、GB28260-2011《食品中阿维菌素等 85 种农药最大残留限量》;农业行业标准 4 项,分别为 NY660-2003《茶叶中甲萘威、丁硫克百威、多菌灵、残杀威和抗蚜威的最大残留限量》、NY661-2003《茶叶中氟氯氰菊酯和氟氰戊菊酯的最大残留限量》、NY1500-2007《农产品中农药最大残留限量》、NY1500-2009《农产品中农药最大残留限量》。

新标准将原有的 29 项农药品种筛查、缩减、补充、修正,最终设立了 25 个涉茶指标,其中,乙酰甲胺磷、硫丹、灭多威等 18 项指标是从原有的 4 部国家标准中保留而来,吡虫啉、多菌灵等 5 项指标为原农业行业标准中项目,新增设联苯菊酯、噻虫嗪两个涉茶农药品种(表 9-15)

表 9-15　GB2763-2012《食品中农药最大残留限量》

项　　目	MRL/EMRL (mg/kg)	ADI (mg/kg)	用途	检验方法
杀螟丹(cartap)	20	0.1	杀虫剂	GB/T20769

158

项　目	MRL/EMRL (mg/kg)	ADI (mg/kg)	用途	检验方法
氯菊酯（permethrin）	20	0.05	杀虫剂	GB/T23204、SN/T1117
除虫脲（diflubenzuron）	20	0.02	杀虫剂	GB/T5009.147、NY/T1720
氯氰菊酯（cypermethrin）	20	0.02	杀虫剂	SN/T1969
氟氰戊菊酯（flucythrinate）	20	0.02	杀虫剂	GB/T23204
氯氟氰菊酯（cyhalothrin）	15	0.02	杀虫剂	SN/T1117
溴氰菊酯（deltamethrin）	10	0.01	杀虫剂	GB/T5009.110、SN/T1117
硫丹（endosulfan）	10	0.006	杀虫剂	GB/T5009.19
噻嗪酮（buprofezin）	10	0.009	杀虫剂	GB/T23376
噻虫嗪（thiamethoxam）	10	0.026	杀虫剂	GB/T2077
甲氰菊酯（fenpropathrin）	5	0.03	杀虫剂	GB/T23376、SN/T1117
联苯菊酯（bifenthrin）	5	0.01	杀虫剂	SN/T1969
哒螨灵（pyridaben）	5	0.01	杀虫剂	GB/T23204、SN/T2432
丁醚脲（diafenthiuron）	5	0.003	杀虫剂	未说明
灭多威（methomyl）	3	0.02	杀虫剂	NY/T761
氟氯氰菊酯（cyfluthrin）	1	0.04	杀虫剂	SN/T1117、GB/T23204
杀螟硫磷（fenitrothion）	0.5	0.006	杀虫剂	GB/T14553、GB/T19648、GB/T5009.20、GB/T20769、NY/T761
吡虫啉（imidacloprid）	0.5	0.006	杀虫剂	GB/T23379
滴滴涕（DDT）	0.2	0.01	杀虫剂	GB/T5009.19
六六六（HCH）	0.2	0.005	杀虫剂	GB/T5009.19
乙酰甲胺磷（acephate）	0.1	0.03	杀虫剂	GB/T5009.103
苯醚甲环唑（difenoconazole）	10	0.01	杀菌剂	GB/T19648、SN/T1975、GB/T5009.218
多菌灵（carbendazim）	5	0.03	杀菌剂	GB/T20769、GB/T23380、NY/T1680、NY/T1453
草甘膦（glyphosate）	1	1	除草剂	SN/T1923
草铵膦（glufosinate-ammonium）	1	1	除草剂	未说明

注：MRL——最大残留限量（mg/kg），EMRL——再残留限量（mg/kg），ADI——每日允许摄入量（mg/kg）。

二、无公害茶标准

根据农业部 2004 年修订的无公害茶质量安全标准，规定了 12 种农药残留和铅限量标准（表 9-16）。

表 9-16 无公害茶农药残留和重金属限量指标（NY/T5244-2004）

项　　目		限量指标（mg/kg）
滴滴涕（DDT）		≤0.2
甲胺磷（methamidophos）		不得检出
氰戊菊酯	RR＋SS	不得检出
（fenvalerate＋esfenvalerate）	RS＋SR	不得检出
乐果（包括氧乐果）（the sum of dimethoate and omethoate expressed as dimethoate）		不得检出
敌敌畏（dichlorvos）		不得检出
乙酰甲胺磷（acephate）		≤0.1
杀螟硫磷（fenitrothion）		≤0.5
氯氟氰菊酯（cyhalothrin）		≤3
联苯菊酯（bifenthrin）		≤5
甲氰菊酯（fenpropathrin）		≤5
溴氰菊酯（deltamethrin）		≤10
氯氰菊酯（cypermethrin）		≤20
铅（以 Pb 计）		≤5

三、茶叶绿色食品标准

农业部于 2012 年颁布了 NY/T 288《绿色食品—茶叶》，从中规定 13 种农药残留和 2 种重金属限量指标（表 9-17）。

表 9-17 绿色食品—茶叶中农药残留和重金属限量指标

项　　目	限量指标（mg/kg）
滴滴涕（DDT）	≤0.05
六六六（BHC）	≤0.05
三氯杀螨醇（dicofol）	≤0.01
甲胺磷（methamidophos）	不得检出
氰戊菊酯（fenvalerate＋esfenvalerate）	不得检出

项　　目	限量指标(mg/kg)
乐果（包括氧乐果）（the sum of dimethoate and omethoate expressed as dimethoate）	不得检出
敌敌畏（dichlorvos）	不得检出
乙酰甲胺磷（acephate）	≤0.1
杀螟硫磷（fenitrothion）	≤0.2
氯氟氰菊酯（cyhalothrin）	≤3
联苯菊酯（bifenthrin）	≤5
甲氰菊酯（fenpropathrin）	≤5
溴氰菊酯（deltamethrin）	≤5
氯氰菊酯（cypermethrin）	≤0.5
啶虫脒（acetamiprid）	≤0.1
铜（以 Cu 计）	≤30
铅（以 Pb 计）	≤5

四、有机茶标准

2002 年农业部颁布的 NY5196-2002《有机茶》标准，规定了铅、铜限量指标和 14 种不得检出的农药要求（表 9-18）

表 9-18　有机茶农药残留和重金属限量指标

项　　目	限量指标(mg/kg)
滴滴涕（DDT）	不得检出
六六六（BHC）	不得检出
三氯杀螨醇（dicofol）	不得检出
甲胺磷（methamidophos）	不得检出
氰戊菊酯（fenvalerate＋esfenvalerate）	不得检出
乐果（包括氧乐果）（the sum of dimethoate and omethoate expressed as dimethoate）	不得检出
敌敌畏（dichlorvos）	不得检出
乙酰甲胺磷（acephate）	不得检出
杀螟硫磷（fenitrothion）	不得检出
联苯菊酯（bifenthrin）	不得检出
甲氰菊酯（fenpropathrin）	不得检出

续表

项　　目	限量指标(mg/kg)
溴氰菊酯(deltamethrin)	不得检出
氯氰菊酯(cypermethrin)	不得检出
喹硫磷(quinalphos)	不得检出
铜(以 Cu 计)	≤30
铅(以 Pb 计)	≤5

附录　宁波白茶标准

宁波市地方标准《宁波白茶》(DB3302/051)初版于2006年,于2012年进行了修订。与初版相比,修订时增加了条形茶工艺及质量等级。在商品行销和包装标志识别上,按国家专利工艺采制的蟠曲茶称"宁波印雪白茶";后者称"印雪白"牌宁波白茶。但是随着科技的进展,本书所介绍的某些技术并不包含在修订标准版中。现将修订版介绍如下。

第1部分:种苗

1　范围

DB3302/T 051的本部分规定了宁波白茶种苗的适用品种、扦插育苗、质量分级、质量指标、试验方法、检验规则、标志、标签、包装、运输与贮存。

本部分适用于宁波白茶种苗的培育和质量分级。

2　规范性引用文件

下列文件对于本文件的应用是必不可少的。凡是注日期的引用文件,仅所注日期的版本适用于本文件。凡是不注日期的引用文件,其最新版本(包括所有的修改单)适用于本文件。

GB 11767 茶树种苗

3　术语与定义

下列术语和定义适合本文件。

3.1　宁波白茶 Ningbo white-leaf tea

宁波地区用白叶系白化茶树品种的鲜叶为原料,按 DB3302/T 051.3 规定的工艺加工的茶叶。

4　适用品种

白叶1号、千年雪、四明雪芽等适制宁波白茶的白化茶树种。

5　扦插育苗

5.1　采穗园

5.1.1　采穗园应是无性系原种园或直接从原种园引进的一、二级良种;树体应生长健壮,无危险性病虫害。

5.1.2　采穗园肥培水平应高于常规生产茶园,必须重施基肥,每667m²(667m²≈1亩,下同)施菜饼肥或相应肥力的商品有机肥150～

250kg,配施相应追肥,同时注意磷钾肥的搭配。

5.1.3 养穗前必须深修剪或重修剪,方法因树制宜。修剪时间,夏插在春茶前,秋插在春茶后进行。

5.2 苗圃

5.2.1 应选择水源充足、地下水位在1m以下、排灌便利、土壤结构良好的酸性或微酸性黄红壤山地或水稻田,忌用茶、麻、花生、蔬菜、甘薯等前作地和燃焦、烧炭迹地。

5.2.2 苗床标准:高15～20cm,宽110～120cm,畦间沟宽25～35cm,长度20～30m。

5.2.3 苗床地要深翻30cm以上,深翻前半个月每667m² 施菜饼肥或相应肥力的商品有机肥150～250kg。

5.2.4 苗床铺上经过筛分后的红黄泥心土,整平压实后厚度2～4cm。

5.3 采穗

5.3.1 穗枝应呈棕红色或黄绿色,腋芽饱满,叶片完整,无病虫危害的半木质化以上当年枝条。

5.3.2 木质化程度不高的穗枝在采穗前7～10天摘除顶芽。

5.3.3 短穗标准:一枚短穗带一张叶片,一个腋芽,穗长3～4cm。剪口应平滑,剪口斜面与叶面同向,上剪口应在腋芽上端3～5mm处。

5.3.4 短穗应随剪随插,不得超过48h,期间应保湿,避免阳光直晒和风吹。

5.4 短穗扦插

5.4.1 扦插期:分夏插(7—8月)和秋插(9—11月);避免雨天、大风天扦插。

5.4.2 扦插前用细喷雾器湿润床面,床土湿而不沾。

5.4.3 扦插规格为(8～10cm)×(2～3cm),每667m² 扦插20万株左右。

5.4.4 扦插宜斜后插,扦插深度以叶柄基部与土面平齐,叶与土面稍离,叶与叶重叠不得超过三分之一。扦插时用手指压实穗基泥土。

5.5 苗圃管理

5.5.1 应随插随遮。气温在35℃以下时用50%单层网遮荫;气温在35℃以上时用50%双层网遮荫或75%单层网遮荫。

5.5.2 掌握看土供水原则。晴天时,扦插初10天,每天早晚各喷水1次;10～50天,每天喷水1次;50天后酌情喷水。阴天酌减,雨天及时排水。

5.5.3 生长季节扦插的,插后10～50天,用0.1%～0.2%磷酸二氢钾浇施,每10天1次;50天后,用0.2%～0.5%磷酸二氢钾浇施,每半个月

1次,根系形成后,每半个月用0.5%尿素浇施。

5.5.4　11月中旬至次年3月底,采用中心高度为50cm的小拱棚薄膜覆盖,上覆遮光率50%的遮荫网。

5.5.5　应及时除草、除花蕾和防治病虫害。

5.5.6　苗高在20cm以上时,宜打顶。

5.6　起苗

5.6.1　干旱天气,起苗前应保持苗床湿润。

5.6.2　起苗应用锄头挖掘,不宜直接用手拔,检数时剔除杂株、病虫株等不合格株。

5.6.3　合格苗以100株为一扎,5扎或10扎为一捆,严禁堆码和重压。

6　种苗质量分级

种苗质量分级以苗高、茎粗、着叶数、侧根数、品种纯度、危险性病虫害为质量指标。分为两级,一、二级为合格苗,低于二级为不合格苗。

7　种苗质量指标

种苗质量指标见表1。

表1　种苗质量指标

级别	苗高(cm)	茎粗(mm)	着叶数(张)	侧根长度(cm)	品种纯度(%)	危险性病虫害
一	>30	>3.0	≥8	>12	100	不得检出
二	≥18	≥1.8	≥6	≥4	100	不得检出

8　试验方法

8.1　苗木高粗

8.1.1　苗高:自根茎处量至顶芽基部,用卷尺测量,精确到0.1cm。

8.1.2　茎粗:用游标卡尺测距根茎10cm处的主干直径,精确到0.1cm。

8.2　着叶数、侧根数

目测计数。

8.3　品种纯度

按GB 11767-2003中6.1的规定执行。

8.4　危险性病虫害

观察茶苗及包装物是否有危险性病虫害症状,必要时使用植检仪器。

9　检验规则

9.1　组批

以相同自然条件、管理方法进行培育的同一苗圃、同一品种、同一等级、同一天起苗的苗木为一批。

9.2 抽样

样本从已捆扎苗木中按表2的规定随机抽样。

表2 苗木抽样

苗木总株数	样本株数
≤10 000	50
10 001～50 000	100
50 001～100 000	200
≥100 001	300

9.3 批合格判定

9.3.1 样本苗木检测时,如有一项质量指标不合格即判被检个体不合格。

9.3.2 苗木总体判定:品种纯度、危险性病虫害中有一项或两项不合格,则总体判定为不合格。级别判定:低于该等级的个体不得超过10%,否则总体降级处理。

9.3.3 总体判为不合格的苗木可在剔除不合格个体后重新进行检验。

9.4 合格证颁发

生产单位对检验合格的种苗应核发合格证书。

9.5 质量仲裁

供需双方对种苗质量存异议时,由法定质量检验机构进行仲裁。严禁不合格种苗或低一级苗作高一级苗出场(圃)销售。

10 标志、标签、运输、贮存

10.1 标志、标签

每批苗木应挂有标签(可与合格证合二为一),标明苗木品种、等级、数量、批号、生产单位名称、出场(圃)日期、执行标准编号,并附检疫证书。

10.2 运输

苗木装车时,不能堆压过紧,堆放过高。装车后及时启运,并有防风、防晒、防淋措施。

10.3 贮运

起苗后的苗木,应防止风吹、日晒、雨淋。贮运日期一般不得超过3天。

第2部分:栽培技术

1 范围

DB3302/T 051的本部分规定了宁波白茶栽培的术语和定义、园地建设、茶苗定植、树冠培育、土壤管理、灾害防治与鲜叶采摘。

本部分适用于宁波白茶的栽培。

2　规范性引用文件

下列文件对于本文件的应用是必不可少的。凡是注日期的引用文件，仅所注日期的版本适用于本文件。凡是不注日期的引用文件，其最新版本（包括所有的修改单）适用于本文件。

GB 4285 农药安全使用标准

GB/T 8321（所有部分）农药合理使用准则

NY/T 227 微生物肥料

NY/T 5018 无公害食品茶叶生产技术规程

NY 5020 无公害食品茶叶产地环境条件

DB3302/T 001.2 名优绿茶第 2 部分：栽培技术

DB3302/T 051.1 宁波白茶第 1 部分：种苗

3　术语和定义

下列术语和定义适合文件。

3.1　立体采摘茶园

指树冠垂直方向具有一定的采摘深度、水平方向具有一定幅度和分枝密度、以同一级分枝为主要生产枝、春季采摘名优绿茶原料为目标的茶园。

3.2　控梢剪

在立体采摘茶园树冠培养过程中，每年 7 月、8 月间第三、四轮新梢萌展前，在春后修剪口上提高 10cm 或剪去突生枝、以平衡枝梢生长的技术方法。

4　园地建设

4.1　立地条件

4.1.1　产地环境条件应符合 NY 5020 的规定。

4.1.2　白茶园区应选择年活动积温小于 5500℃、生态环境优越、交通相对便利的山地。

4.1.3　白茶园地应选择坡度 25°以下、土层深 80cm 以上、地下水位 100cm 以下、pH 值不大于 6.5、有机质含量大于 1.5% 的地段。

4.2　园区设计

4.2.1　茶园应设计主道、支道、园道。主道路面宽应不小于 400cm，支道路面宽应不小于 250cm，园道路面宽应不小于 150cm。

4.2.2　茶园四周应设置隔离沟，沟底宽 30cm，深 50cm 以上；每隔 10～14 茶行设置横水沟，主道、支道内侧设置护路沟，沟深在 50cm 以上；山坡凹处、茶行横断处设纵水沟，沟底宽 20cm，深 30cm 以上；各水沟出口处设置 1m³ 见方的水池,每 1.5～2hm² 设置一个。

4.2.3 茶园隔离沟外则,主道、支道两旁,园道一旁均应植树。树种应选择病虫寄生少,树冠幅小,经济效益高的适宜常绿树种,树行与茶行的最近距离应不小于 100cm。

4.3 茶行布局

茶行按等高线布置,长度为 30～40m。坡度 15°以下直接开垦,单行水平宽度 120～150cm;坡度 15°以上筑梯地,梯地的梯面宽应不小于 200cm,距内侧 100cm 处布置第一行茶树,每增加 1 行茶树,梯面增宽 120～150cm。

4.4 园地开垦

4.4.1 园地应全面深垦。荒山分初垦和复垦二次进行,初垦深 40cm,清除树根、草根、石块等杂物,复垦深 30cm,筑出茶行;熟地在清除前作物后深垦一次即可。

4.4.2 种植前一个月,按茶行开种植沟,深 20cm,宽 40cm。

4.4.3 现有非白茶园,可经过嫁接改造成园。

5 茶苗定植

5.1 茶苗质量

茶苗质量应符合 DB3302/T 051.1 的规定。

5.2 定植时间

春季定植在 2 月中旬至 3 月上旬;秋季定植在 10 上旬至 11 月下旬。

5.3 定植密度

双条种植规格:大行距 120～150cm,穴距 30cm,每穴 2 株,每 667m² 用苗 6000～7000 株;单条种植规格:行距 120～150cm,穴距 25cm,每穴 2 株,每 667m² 用苗 3500～4500 株。

5.4 定植方法

5.4.1 挖掘定植沟,现挖现栽,沟深 15～20cm。

5.4.2 栽植时,茶苗入土至少 10cm;茶苗根系自然舒展后,逐层填土、压实,将土壤覆盖至不露须根后浇足"定根水",再覆土 5cm;坡地覆土后稍低于地面,平地则稍高于地面。

5.4.3 定植后及时铺草覆盖,防旱保苗。覆盖材料可用茅草、稻草、秸秆等,每 667m² 用量 750kg。

5.4.4 栽后定期检查成活情况,发现缺株,适时补齐。

6 树冠培育

6.1 立体采摘茶园

6.1.1 定型修剪

新种植茶园,第一次在茶苗移栽定植时进行;第二次在栽后第二年春茶采摘结束后进行;第三次在定植后第二年7月上中旬进行(除安吉白茶品种)。修剪高度分别为离地15cm、25～30cm、35～40cm。第三年起春茶采摘结束后,每年进行一次树冠更新修剪,在上年剪口上5cm左右处剪去枝梢。当剪口高度超过80cm时,回剪到第二次定剪口。

6.1.2 控梢剪

第三年起在每年7、8月间,在春后剪口上10cm处或剪去突生枝。

6.1.3 蓄梢养冠

除春茶留鱼叶采外,其余各季宜蓄而不采。

6.2 平面采摘茶园

6.2.1 定型修剪

新种植茶园,第一次在茶苗移栽定植时进行;第二次在栽后第二年春茶采摘结束后进行;第三次在定植后第二年7月上中旬进行(除白叶1号)。修剪高度分别为离地15cm、25～30cm、35～40cm。

6.2.2 轻修剪

对象是采摘夏秋茶的成龄茶园,每年进行1次,时间宜在春茶采后或10月中下旬进行。用修剪机或篱剪剪去冠面3～5cm的枝叶。

6.2.3 深修剪

茶树形成"鸡爪枝"层时,春茶后及时剪去冠面15～20cm的枝叶。

6.2.4 重修剪

树势衰老、骨干枝仍较健壮的茶园在春茶采摘提早结束后(5月中下旬),离地35～40cm处剪去上部枝梢。

6.2.5 台刈

早春或春茶后用锋利工具,在离地20cm处刈去骨干枝衰老茶园的衰老冠层。

6.2.6 养冠、开采

新茶园完成第三次定型修剪后当年各季均蓄而不采;第三年春茶起实行常规采。重修剪、台刈后的改造茶园当年7、8月间在改造修剪口上提高10～15cm进行定剪,到10月中旬进行一次轻修剪或留蓄养梢。

7 土壤管理

7.1 中耕除草

在春茶前、夏茶前和7月上旬至9月上旬进行,深度5～10cm。

7.2 土壤深翻

每年9月下旬至11月进行深翻,提早进行为好,翻耕深度为15～20cm。

7.3 茶园施肥

7.3.1 适用肥料

饼肥、堆肥、家畜粪尿、厩肥等农家肥料；氮、磷、钾等各种非含氯化肥、复合肥及微量元素肥料；茶叶专用肥、商品有机肥、微生物肥等其他商品肥。

7.3.2 施肥原则

重施有机肥，少施无机肥；禁止含有毒、有害物质的垃圾和人粪尿作为有机肥，提倡绿肥、秸秆、茶枝等覆盖茶园土壤；农家有机肥料施用前须经无害化处理，微生物肥料应符合 NY/T 227 要求。

7.3.3 施肥方法

7.3.3.1 一、二年生幼龄茶园每年"一基二追"。6月、9月各施一次复合肥或尿素，每 667m² 沟施纯氮 5～10kg；秋后每 667m² 沟施饼肥 50～75kg。

7.3.3.2 只采春茶的成龄茶园，原则上不施用无机肥，每年结合深翻开沟深施有机肥，沟深 20～30cm，每 667m² 施饼肥或相应肥力的商品有机肥 200～250kg，施后覆土。

7.3.3.3 全年采摘的成龄茶园，重施有机肥、补施接力肥，氮磷钾肥比为 3：1：1。有机肥用量与施法同 7.3.3.2，接力肥在春后 5 月下旬沟施，每 667m² 施纯氮 10～15kg，施后覆土。

7.3.4 水分管理

及时疏理低洼积水；通过灌溉、浅耕、铺草、培土保水、种植绿肥等办法及时调节土壤水分供求。

8 灾害防治

8.1 热害防治

高温、干旱季节到来前，进行幼龄茶园的行间铺草、遮阳覆盖等，或采取间作套种等措施。

8.2 冻害防护

冻害来临之前，做好园地培土、铺草或采用薄膜大棚覆盖；冻害发生后，及时剪除受冻枝梢，春季萌芽后受冻茶树，进行根外追肥。

8.3 病虫害防治

按 DB3302/T001.2 的规定执行，农药使用按 GB 4285、GB/T 8321、NY/T 5018 的规定执行。

第3部分：采制技术

1 范围

DB3302/T 051 的本部分规定了宁波白茶采制术语和定义、环境与设备条件、鲜叶采摘、加工工艺与技术要求。

本部分适用于宁波白茶的加工。

2 规范性引用文件

下列文件对于本文件的应用是必不可少的。凡是注日期的引用文件，仅所注日期的版本适用于本文件。凡是不注日期的引用文件，其最新版本（包括所有的修改单）适用于本文件。

GB 11680 食品包装用纸卫生标准

DB33/T 627 茶叶生产企业场所与设备条件

3 术语和定义

下列术语和定义适合本文件。

3.1 催色

将杀青叶进一步采用高温处理，促使芽叶内水分继续散失，减少后续工艺中茶汁外渗所造成的茶色变暗，达到芽叶绿翠镶金黄色块效果的工艺。

4 环境与设备条件

茶厂环境与设备要求应符合 DB33/T 627 的规定。

5 鲜叶采摘

5.1 鲜叶质量指标

处于白化盛期，嫩度为 1 芽 1 叶开展叶或 1 芽 2 叶初展叶的春茶。

5.2 开采适期

茶园中 10% 茶芽达到鲜叶采摘标准时为开采适期。

5.3 采摘方法

及时分批按标准采，同批芽叶长短大小应匀齐一致。采时以双指捏芽叶使其弯曲、自然断裂为准。杜绝掐、捋、抓等不正确采法；不采残、破、碎、虫、冻伤叶和无芽叶。

5.4 鲜叶盛放

鲜叶宜用清洁卫生、透气良好的细孔竹篓、塑料篓盛放，不得用编织袋或密闭的塑料袋等软包装材料，不得挤压，避免阳光直射，采后及早运往加工厂。

6 加工工艺

6.1 蟠曲形茶

6.1.1 工艺流程

鲜叶摊放—杀青—摊凉—催色—回潮—揉捻—初焙—做形—焙香—筛分—封装。

6.1.2 设备配置与工艺技术参数

设备配置与工艺技术技术参数见表3。

表 3　蟠曲形设备配置与工艺技术

工艺	设备	温度	投叶量	时间	程度
摊放	竹匾、竹箪不锈钢丝网	常温	厚度不超过3cm	4～12 小时	叶质变软,表面干爽,叶色失鲜,清香显露
杀青	滚筒杀青机	250～280℃	20～80kg/台时	100～120 秒	折茎不断,芽叶紧抱,表面干燥,香露
摊凉	竹匾、竹箪	常温	厚度<2cm	15 分	叶色亮泽
催色	滚筒杀青机	180～200℃	30～120kg/台时	60～75 秒	色绿或显明黄,芽叶紧卷弯曲,质硬易碎
回潮	竹匾、竹箪	常温	厚度 2～4cm	1～1.5 小时	叶质柔软,手捻不碎
揉捻	45 型揉捻机	常温	筒体80%满	20～30 分	茶条卷曲、完整无碎
初焙	烘焙机滚筒杀青机	140～160℃140～160℃	厚度<1cm20～80kg/台时	5～6 分60～75 秒	稍质硬、触手感
做形	双锅曲毫机	100～110℃	2.5kg	10～15 分	定形、八九成干
焙香	烘焙机	100～140℃	厚度<2cm	5～8 分	手捻成粉、茶香毕显

6.2　条形茶

6.2.1　工艺流程

鲜叶摊放—杀青—摊凉—理条—初烘—摊凉—足烘—筛分—封装。

6.2.2　设备配置与工艺技术参数

设备配置和工艺技术参数见表 4。

表 4　条形茶设备配置与工艺技术

工艺	设备	温度	投叶量	时间	程度
摊放	竹匾、竹箪不锈钢丝网	常温	厚度不超过 3cm	4～12 小时	叶质变软,表面干爽,叶色失鲜,清香显露
杀青	滚筒杀青机多功能机	250～280℃250～200℃	20～80kg/台时,0.75kg/次	120 秒5～6 分	折茎不断,芽叶紧抱,表面干爽,香露
摊凉	竹匾、竹箪	常温	厚度<2cm	15 分	叶色亮泽
理条	多功能机	150～160℃	0.75～1kg/次	4～5 分	色绿显明黄,芽叶紧直成条,质硬
回潮	竹匾、竹箪	常温	厚度 2～4cm	1～1.5 小时	叶质柔软,手捻不碎
初烘	自动型烘干机烘培机	120～140℃	厚度<1cm	10～15 分	七成干
摊凉	匾箪	常湿	厚度<3cm	15～20 分	水分分布均匀
足烘	同初烘	100～140℃	厚度<1cm	10～15 分	足干,茶香浓烈

7　技术要求

7.1　鲜叶摊放

7.1.1　鲜叶到茶厂后,应及时摊在摊青框内,按序排于摊青架上,放置摊青室内。做到:晴天叶与雨水叶分开;上午采鲜叶与下午采鲜叶分开;不同级别、不同品种的鲜叶分开。

7.1.2　鲜叶摊放厚度不超过 3cm;雨水叶、露水叶适当薄摊。一般摊放 4～12 小时,中途适时轻翻一次,雨水叶、露水叶应先用专用设备、后用控制气流调节脱水。

7.1.3　摊青程度:叶质变软,叶色光泽失润,特有清香显露即可付制。

7.2　杀青

7.2.1　滚筒杀青机使用应掌握温度、进叶量和速度(筒体斜度)三者的合理与协调。

7.2.2　杀青叶要求叶表干燥、折茎不断,叶尖、叶齿微爆,芽叶紧抱,叶质稍硬,色绿显明黄色块,白茶特殊香气显露。

7.3　摊凉

出筒的杀青叶迅速薄摊于通透的工具上,尽快散失余热。

7.4　催色

杀青叶经充分摊凉后,在筒温 180～200℃ 中滚炒 60～75 秒,以芽叶外形进一步勾曲为度。

7.5　回潮

散失余热的茶叶摊至合适厚度,促使芽叶内部水分转移到表面而回软。中途视回潮程度进行翻叶、加盖等技术调整,时间宜为 1～1.5 小时。

7.6　揉捻

应把握轻揉、长时、渐进原则,加压轻—重—轻结合。使芽叶尽量卷曲、完整不碎。

7.7　初焙

7.7.1　要求高温快速去除表面水分,利用热力作用使芽叶强烈收缩勾、弯、卷、曲。

7.7.2　利用滚筒机初焙时,手工将出筒叶趁热揉团、解块、散热,要求揉团适度,不碎不结,动作熟练、规范有序,一次完成。

7.7.3　利用烘焙机初焙时,芽叶变热后手工趁热边揉团解块、边翻转散热,要求揉团适度、不碎不结和均匀有序。

7.8　做形

7.8.1　要求根据芽叶水分等物理状况的变化和设备性能及时使芽叶达到最完美的制形目的。

7.8.2 利用曲毫机做形,应把握好叶量、温度,调节好炒板幅度,尽量缩短炒制时间。

7.9 焙香

温度宜先低后高,中途轻轻翻叶,谨防底层叶爆焦,至足干、茶香毕现为度。

7.10 理条

采用理条机理条时,投叶量、槽温、时间根据机器要求操作;茶叶在条索挺直、紧结时出锅摊凉。

7.11 初烘、足烘

采用烘焙机进行烘干时要求每隔 2～3 分钟翻动一次,均匀茶叶烘焙程度;采用自动烘干机时则要重点控制好进叶量与温度、速度、程度的关系。足烘的温度宜先低后高。

7.12 筛分、封装

完全冷却后用号筛轻轻割去茶末,归堆、贮存、包装。贮存、包装用材应符合 GB 11680 的要求。

第 4 部分:质量等级

1 范围

DB3302/T 051 的本部分规定了宁波白茶的术语与定义、质量分级、质量指标、试验方法、检验规则、标志、标签、包装与储运。

本部分适用于宁波白茶的质量分级。

2 规范性引用文件

下列文件对于本文件的应用是必不可少的。凡是注日期的引用文件,仅所注日期的版本适用于本文件。凡是不注日期的引用文件,其最新版本(包括所有的修改单)适用于本文件。

GB/T 191 包装储运图示标志

GB 2762 食品中污染物限量

GB 2763 食品中农药最大残留限量

GB 26130 食品中百草枯等 54 种农药最大残留限量

GB 7718 食品安全国家标准 预包装食品标签通则

GB/T 8302 茶 取样

GB/T 8303 茶 磨碎试样的制备及其干物质含量测定

GB/T 8304 茶 水分测定

GB/T 8305 茶 水浸出物测定

GB/T 8306 茶 总灰分测定

GB/T 8310 茶　粗纤维测定

GB/T 8311 茶　粉末和碎茶含量测定

GB/T 23776 茶叶感官审评方法

GB/T 14487 茶叶感官审评术语

JJF 1070 定量包装商品净含量计量检验规则

SB/T 10035 茶叶销售包装通用技术条件

国家质量监督检验检疫总局令 2005 年第 75 号《定量包装商品计量监督管理办法》

3　术语与定义

下列术语和定义适合本文件。

3.1　金色

宁波白茶干茶呈明亮黄色的感官评语。

3.2　玉白

宁波白茶叶底呈明亮乳白色的感官评语。

3.3　抱折

宁波白茶干茶芽叶紧抱、部分折叠和部分卷曲的外形特征。

3.4　钩月

宁波白茶干茶芽叶紧抱、折叠、卷曲成螺或钩状的外形特征。

4　质量分级

白茶质量分级以当年新茶为准,以外形金色比例、外形、香气、汤色、滋味、叶底为质量指标,分为三个等级:黄金 700、黄金 500、绿玉 300。

5　质量指标

5.1　基本要求

5.1.1　具有宁波白茶特有的外形、香气与滋味,干茶色泽绿翠或镶金色。

5.1.2　无烟、焦、酸、馊、霉、日晒、油、煤等异味;不得有红梗、红叶、焦爆、花杂、浑汤等现象;不得含非茶类杂物和其他品种制成的茶叶。

5.1.3　不得添加外源物质。

5.2　感官指标

5.2.1　蟠曲类感官指标应符合表 5 的规定。

表5 蟠曲类感官指标

项目	要　　求		
	黄金700	黄金500	绿玉300
外形金色比例	>70%	30%～70%	<30%
外形	芽叶抱折成卷,曲如钩月,金色满披,亮绿悦目	芽叶抱折成卷,曲如钩月,绿翠镶金色	芽叶抱折,卷曲如钩,绿翠偶见金色
香气	嫩香馥郁	清香,高	清香
汤色	嫩绿清澈	嫩绿明亮	绿明亮
滋味	嫩鲜,回甘	鲜醇	鲜醇
叶底	叶底玉白,偶现嫩脉,成朵明亮	叶底玉白、嫩绿通脉,成朵明亮	叶底嫩绿,偶现玉白,成朵明亮

5.2.2 条形类感官指标应符合表6的规定。

表6 条形类感官指标

项目	要　　求		
	黄金700	黄金500	绿玉300
外形金色比例	>70%	30%～70%	<30%
外形	紧直,金色满披,亮绿悦目	紧直,绿翠镶金色	紧结,绿翠
香气	嫩香	清香,高	清香
汤色	嫩绿清澈	嫩绿明亮	绿明亮
滋味	嫩鲜,回甘	鲜醇	鲜醇
叶底	叶底玉白,偶现嫩脉,成朵明亮	叶底玉白,绿通脉,成朵明亮	叶底绿,偶现玉白,成朵明亮

5.3　理化指标

水分、碎末和粉末、总灰分、水浸出物应符合 GB/T 14456.1 的规定。

5.4　卫生指标

应符合 GB 2762、GB 2763、GB 26130 的规定。

5.5　净含量指标

应符合国家质量监督检验检疫总局令 2005 年第 75 号《定量包装商品计量监督管理办法》的规定。

6　试验方法

6.1　标准实物样

标准实物样每年更换一次。标准实物样制作方法见附录 A(略)。

6.2　取样和磨碎试样的制备

取样按 GB/T 8302 的规定执行,磨碎试样的制备按 GB/T 8303 的规定执行。

6.3 感官指标

根据等级品质评定,对照标准实物样,按照 GB/T 23776、GB/T 14487 的规定进行。

6.4 理化指标

6.4.1 水浸出物按 GB/T 8305 规定的方法测定。

6.4.2 水分按 GB/T 8304 规定的方法测定。

6.4.3 碎末茶按 GB/T 8311 规定的方法测定。

6.4.4 总灰分按 GB/T 8306 规定的方法测定。

6.5 卫生指标

按 GB 2762、GB 2763、GB 26130 规定的方法执行。

6.6 净含量

按 JJF 1070 规定的方法测定。

7 检验规则

7.1 检验分类

本部分规定的检验分为交收检验和型式检验,检验项目、要求、试验方法见表 7。

表 7 检验项目、要求、试验方法

序号	项 目		要求	试验方法	交收检验	型式检验
1	基本要求		5.1	6.3	√	√
2	感官指标		5.2	6.3	√	√
3	理化指标	水浸出物含量	5.3	6.4.1	—	√
4		水分含量		6.4.2	√	√
5		碎末茶含量		6.4.3	√	√
6		总灰分		6.4.4	—	√
7	卫生指标		5.4	6.5	—	√
8	净含量		5.5	6.6	√	√

"√"表示该项应检验,"—"表示该项可以不检验。

7.2 交收检验

7.2.1 以同期加工、同一品种、同一规格、同一生产厂家生产的茶叶为一批。

7.2.2 产品以批为单位,同批同级产品的品质应一致。

7.2.3 产品须按本部分规定进行检验,检验合格后方可销售。

7.3 型式检验

有下列情况之一时，一般应进行型式检验：

a)标准实物样重新制作时；

b)工艺或鲜叶原料产地有重大变更时；

c)正常生产时，每年应进行一次型式检验；

d)国家质量监督部门要求时；

e)交收检验结果与上次型式检验结果差异较大时。

7.4 判定规则

7.4.1 交收检验项目中如有一项不合格，可在同一批产品中加倍取样复验，复验后仍不合格，则判该批为不合格产品。

7.4.2 型式检验项目中如有一项不符合技术要求的产品，均判为不合格产品。

7.5 质量仲裁

供需双方对产品质量有异议时，可由双方协商或由法定质量检验机构检验后进行仲裁。

8 标志、标签、包装、储运

8.1 标志、标签

标志、标签应醒目、整齐、规范、清晰、持久，预包装标签应符合 GB 7718 的规定。包装储运图示标志应符合 GB/T 191 的规定。

8.2 包装、储运

产品的包装、储运应符合 SB/T 10035 的规定。

主要参考文献

[1] 陈祖槼,朱自振.中国茶叶历史资料选辑.北京:农业出版社,1981.

[2] 陈椽.茶业通史.北京:农业出版社,1984.

[3] 龚淑英,屠幼英.品茶与养生.北京:中国林业出版社,2002.

[4] 王开荣.珍稀白茶.北京:中国文史出版社,2005.

[5] 王开荣,陈洋珠,林伟平.茶叶优质高效生产技术.宁波:宁波出版社,2002.

[6] 李素方,成浩,虞富莲.安吉白茶阶段性返白过程中氨基酸的变化[J].茶叶科学,1996,16(2):153-154.

[7] 李素方,陈明,虞富莲.茶树阶段性返白现象的研究——RUBP羧化酶与蛋白酶的变化.中国农业科学,1999,32(3):33-38.

[8] 成浩,李素芳.安吉白茶特异性状的生理生化本质.茶叶科学,1999,19(2):87-92.

[9] 成浩,陈明.茶叶阶段性返白过程中色素蛋白复合体的变化.植物生理学通讯,2000,36(4):300-304.

[10] 陆建良,梁月荣.安吉白茶阶段性返白过程中的生理生化变化.浙江农业大学学报,1999,25(3):245-247.

[11] 陈亮.15个茶树品种遗传多样性的RAPD分析.茶叶科学,1998,18(1):21-27.

[12] 林盛有.安吉白茶栽培与加工技术之研究.茶叶,1998,3:163.

[13] 石梁.天台山白茶.茶叶,1995,3:34.

[14] 王建林,何卫中,潘正贤,等.景宁白茶种质资源调查与育种.茶叶,2004,3:167-169.

[15] 郭雅敏.安吉白茶的性状与发展前景.茶叶,1997,23(4):23-24.

[16] 林盛有.安吉白茶栽培与加工技术之研究.茶叶,1998,24(3):163.

[17] 赖建红.安吉白茶放异彩.茶叶,2005,31(1):11.

[18] 王开荣.茶树园林应用刍议.中国茶叶,1993,6:34-35.

[19] 王开荣.茶树短穗扦插快速育苗新技术.中国茶叶,1993,85:11-12.

[20] 王开荣.季周期树冠培养技术及其效应.中国茶叶,1998,114:6-8.

[21] 王开荣.白茶种质资源利用刍议.茶叶,2003,4:217-219.

［22］王开荣,陈洋珠,林伟平,等.立体采摘茶园技术要素组成.浙江农业科学,2005,274:26-29.

［23］王开荣,李明,林伟平,等.白化茶树特异性 RAPD 分子标记研究.浙江农业科学,2007,1:50-55.

［24］李明,王开荣,林伟平,等.白茶新品种四明雪芽选育研究报告.茶叶,2007,33(1):23-27.

［25］王开荣,林伟平,方乾勇,等.白茶新品种千年雪选育研究报告.中国茶叶,2007,29(2):24-26.

［26］王开荣,梁月荣,张龙杰,等.白化茶种质资源的分类及特性.中国茶叶,2008,30(8):9-11.

［27］张龙杰,王开荣,鲁松才,等.低温敏感型白化茶栽培与加工技术.中国茶叶,2008,30(10):14-15.

［28］王开荣,杜颖颖,邵淑宏,等.Developmentof specific RAPD markers for identifying albino tea cltivars Qiannianxue and Xiaoxueya. African Journal of Biotechnology, 2011, 9(4): 434-437.

［29］杜颖颖,梁月荣,王开荣,等. A study on the chemical composition of albino tea cultivars. Journal of Horticultural Science and Biotechnology, 2006, 81(5): 809-812.

［30］王开荣,李娜娜,陆建良,等.茶树品种"小雪芽"冷诱导锌指蛋白基因 cDNA 研究.茶叶,2012,38(2):210-214.

索　引

（以拼音字母为序）

后　记

　　自 1998 年在余姚市德氏家茶场群体种茶园中发现黄金芽以来的 15 年间，我们一直致力于白化茶种质资源的开发与研究。2004 年至 2006 年，我们完成了第一个白化茶方面的宁波市重大科研项目"白茶新优品系选育与产品开发研究"，2005 年出版了第一本白化茶专著《珍稀白茶》；2007 年、2008 年相继完成自选课题"白化茶种质资源与新品种产业化开发研究"和余姚市重大科技项目"茶树新品种黄金芽鉴定与开发研究"，并参与了中国茶科所主持的国家科技支撑计划项目"茶资源高效加工与多功能利用技术与应用"，有关单位和人员获得了浙江省科学技术二、三等奖；2010 年"宁波白茶产业关键技术提升与标准化应用"、"全季型黄色系珍稀茶树新品种开发与产业化关键技术研究"分别列入宁波市农村科技创新创业资金重点项目和宁波市重大科技择优项目，并将于今年如期结题。

　　通过上述一系列项目研究，我们在白化茶种质资源开发、分类研究、新品种选育及产业化技术体系开发方面取得了丰硕成果。基于这些成果最终服务于产业发展的理念，经共同努力，我们撰写了《低温敏感型白化茶》一书，这是专门阐述低温敏感型白化茶生产的技术书籍。参与本书撰写的作者分别是：宁波市森林病虫防治检疫站王开荣教授级高级工程师、浙江大学茶学系梁月荣教授、宁波市鄞州区林特技术管理服务站吴颖高级农艺师、余姚市林特技术推广总站李明高级工程师、余姚市瀑布仙茗茶叶专业合作社张龙杰技术员、余姚市林特技术推广总站韩震农艺师。

　　由于白化茶研究涉及内容众多，时间仓促，水平有限，因此本书难免存在着许多不足之处，敬请读者能及时予以指正为感！

2013 年 11 月 6 日